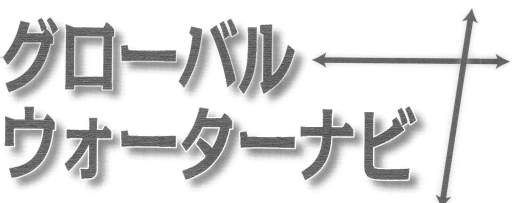

グローバル
ウォーターナビ

グローバルウォータ・ジャパン

代表 吉村和就

はじめに

　水はすべての生命体にとり命の源であり、欠くことのできない貴重な存在である。

　人間にとっても、水は命を守る最も大切なものである。言うまでもなく文明の発生、国家の存亡は水資源の確保や水の制御（治水）であることは歴史が証明している。

　ローマ帝国が1500年以上続いたのは水道橋を始め、水インフラを完全に整備したからであり、逆に奈良の平城京がわずか80年で放棄された背景は、都にふさわしい水の確保・制御ができなかったからだと言われている。

　近代文明においても水の確保と制御ができなければ国家の存続は不可能である。

　水は変幻自在であり、個体・液体・気体と姿を変え、また液体（水）であっても、その器に応じた姿となって存在している。その変幻自在な水を制御し、活用してきたのが人間の歴史でもある。水源の確保、用水路建設、ダムや貯水池の建設、洪水対策などが近代社会を支えている。

　本書は、筆者の現場・現物主義（必ず現場に入り、専門家と対話）に基づき、最近の水に関する国際的な出来事や日本国内での出来事を重ねつつ、多面的に述べたものであり、本書を通じて世界と日本の水に関する理解が深まれば幸いである。

令和6年11月

吉村 和就

目次

第一部　世界の動き

1. 世界最大の水ビジネス企業誕生か？
　ヴェオリア、スエズを敵対買収 ………………………………… 2
2. 維持管理の手抜きがローマ帝国を崩壊させた
　スペイン・セゴビアの水道橋 …………………………………… 6
3. FBIも乗り出したフロリダ州・浄水場のハッカー事件 ……… 10
4. 水が無ければ、半導体は作れない～台湾の深刻な水不足～…… 14
5. 世界最大の水企業誕生
　～ヴェオリアとスエズ合併で基本合意～ ……………………… 18
6. 水の専門家は"GAFA"を目指せ！ ……………………………… 22
7. 水なくして、国防なし ………………………………………… 28
8. 欧州大陸、過去500年で最悪の干ばつに直面 ………………… 34
9. ウクライナ侵攻、ロシアとの制水権争奪戦 …………………… 38
10. 欧州の給水塔、スイスが大渇水～欧州経済の行方は～ ……… 43
11. アラバマ大学・USGS水研究センター視察
　～正確な水情報は、国家の命運なり～ ………………………… 47

第二部　日本の動き

12. 菅新政権に期待する、持続可能な総合治水対策 ……………… 54
13. 地球温暖化対策として水力発電の役割 ………………………… 58
14. みやぎ方式のゆくえ
　～9水事業を20年間、民間に運営権を売却～ ………………… 62
15. ～水清く、し過ぎて魚棲まず～
　SDGsを目指す、瀬戸内法の改正 ……………………………… 66

⑯ 渋沢栄一翁〜東京水道物語〜 ········· 70

⑰ 松尾芭蕉は水道屋、それとも幕府の隠密か ········· 74

⑱ 日本のミネラルウォーターの水源問題 ········· 79

⑲ リニア新幹線、大井川の水戻し論争 ········· 85

⑳ 水害被害に関する訴訟、国が敗訴〜鬼怒川水害訴訟〜 ········· 91

㉑ 雄物川の歴史と成瀬ダムをめぐるSDGs
〜世界に誇れるCSGダム建設中〜 ········· 96

㉒ 有機フッ素化合物PFOS/PFOAの
規制強化動向と処理方法 ········· 100

㉓ 2023年　国内外の水ビジネス展望 ········· 104

第三部　水会議

㉔ 日本が主導する「第4回アジア・太平洋水サミット」、
熊本で開催 ········· 110

㉕ 「第4回アジア・太平洋水サミット」熊本で開催 ········· 116

㉖ ダボス会議で語られた水の危機 ········· 122

㉗ 「水に関する国際的な会議の流れ」・その1 ········· 126

㉘ 「国連2023水会議」ニューヨークで開催
〜世界の水問題解決を目指して〜 ········· 130

㉙ 「水に関する国際的な会議の流れ」・その2 ········· 136

㉚ 第9回 IWA-Aspire（国際水協会・アジア太平洋地域）会議
台湾・高雄で開催 ········· 142

㉛ 第10回世界水フォーラム　バリ島で開催 ········· 148

目次

第四部　世界の環境

32 日本の水資源が危ない！地球温暖化で積雪７割減少 ············· 156

33 水素社会の構築〜水無くして水素なし〜 ································ 160

34 江戸の糞尿処理は究極のSDGsだった ································ 164

35 地球温暖化と深層大循環〜下水処理水は宝の山〜 ····················· 169

36 COP27〜気候変動の危機は水危機である〜······························ 175

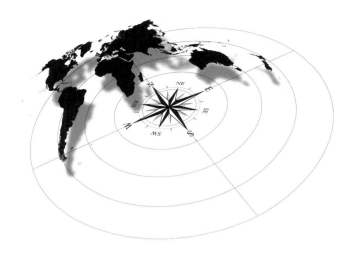

第一部

世界の動き

世界最大の水ビジネス企業誕生か？
ヴェオリア、スエズを敵対買収

下水道情報（令和2年12月1日発行）

　フランス企業ヴェオリア・エンバイロンメントは、同国のスエズ・グループを113億ユーロ（約1兆3900億円）で公開買い付けにより完全買収すると宣言した。既にその第一歩としてフランスの多国籍電力会社エンジー社からスエズ株式29.9％を34億ユーロ（約4200億円）で10月5日に取得している。

　仮にスエズ・グループの完全買収に成功すれば、ヴェオリア社は世界最大の水ビジネス企業となり、売上規模は410億ユーロ（約5兆円）を超えるものとみられている。なぜ完全買収なのか。

　ヴェオリア社の会長兼CEOアントワーヌ・フレロは声明の中で「天然資源の枯渇と気候変動の状態を考えると水環境改善の緊急性は、これまで以上に強くなっている。我々の動き（世界的なチャンピオンを目指す）は世論、欧州グリーンディール、さらに多くの国から必要とされている」、さらに「スエズとヴェオリアの非常に堅実なスキルを組み合わせることで、世界的な競争激化に直面しても、新事業の開発を大幅に加速し、フランス、欧州、世界の産業が抱える21世紀の環境課題解決に対応できる」と述べている。

　100年以上ライバルとして戦ってきたスエズは、ヴェオリアの闇討ち的なアプローチに対し当然、猛反発。10月6日のプレスリリースで「ヴェオリアによる買収は敵対的であり、我々は従業員、顧客、すべてのステークホルダーの権利と利益を守るために、買収や事実上の支配を避けるために最大限の努力を果たす」と宣言している。フランス国内でも意見が二分している。ジャン・カステックス首相は「いかなる提案も雇用を維持し、水と廃棄物の独占を避けるべきだ」、またブルーノ・ル・メール経済・財務・復興大臣は「両社に落ち着いてスエズの支配に関する解決策を見つけるように要請」、さらに「2つの美しいフランス企

業間の争いを、世界に提供することは止めよう」とテレビを通じ助言している。フランス国内のみならず、世界中が、この敵対買収劇に注目している。

1. 水メジャーと呼ばれるヴェオリア、スエズ社の現状

過去の3大水メジャー（ヴェオリア、スエズ、テムズウォーター）からテムズが脱落し、現在はヴェオリア・スエズの2強状態になっている。両社の概要を見てみよう。

1）ヴェオリア

水、廃棄物、エネルギー管理の3つの事業分野におけるソリューションを設計・施工および維持管理ビジネスで提供。水分野では世界9800万人に水道サービス、6700万人に下水処理サービスを行っている。従業員は世界で18万人、総営業結果（EBITDA）の売上高は270億ユーロ（約3兆3210億円）、利益は40億ユーロ（約4920億円）である。

2）スエズ

スエズは水道事業や電力事業、ガス事業を行っている。その歴史はリヨン水道会社とスエズ運河会社が合併誕生、2006年フランスガス公社（GDF）と合併声明、2008年の合併後にはGDFスエズ（現：エンジー）と水道事業を担うスエズ・エンバイロンメントに分割された。スエズは、水道事業では世界1億4500万人に配水し世界的なリーダーである。

従業員は8万9千人、売上高は180億ユーロ（約2兆2140億円）、利益は30億ユーロ（約3690億円）である。

3）エンジー社の動き

フランスに基盤を置く電気・ガス事業者（主要株主はフランス政府で36％保有）で、世界70ヵ国に拠点を持ち、従業員は約15万人、売上高は606億ユーロ（約7兆5千億円、2018年）。電力・ガス供給で世界第2位の売上高を持つ。前述のように2008年フランスガス公社（GDF）とスエズの合併によりGDFスエズの社名で成立し、2015年にエンジーと社名変更している。スエズ株を35％所有し、このうち29.9％をヴェオリアに売却している。なぜ売却を決めたのか。同社は2016年から「脱炭素」「デ

3

ジタル化」「分権化」を軸に事業改革を行っており、再生可能エネルギー、天然ガス開発、省エネの3領域に事業をシフトさせてきた。旗印は「二酸化炭素排出量ゼロを実現できるソリューション分野で、世界のトップリーダーを目指す」であり、今回の売却益は再生可能エネルギー開発（クリーンガスと洋上風力発電）の投資用とみられている。

2. ヴェオリアとスエズの応酬合戦

　スエズの最高責任者ベルトラン・カミュは、「ヴェオリア提案はスエズの解体であり、フランスにとって悲惨な結果をもたらすだろう」、さらに「スエズは結婚する必要はない」とフランスの日刊紙ル・フィガロ紙に語った。スエズは敵対買収への対抗策として、フランスの水事業をオランダの財団へ移す対抗策を発表。また、フランスの民間投資会社アルディアン（1千億ドルの資産を保有する世界有数の民間投資ハウス）の創設者ドミニク・セネキエ氏に直接掛け合い、ヴェオリア提案の1株当たり18ユーロより高い18.50ユーロの価格を約束させた。しかし、翌日の10月5日にアルディアンは突然、撤退を表明。ホワイトナイト（白い騎士）は消え去った。

　撤退理由は「アルディアンは、敵対的な買収案件には関わらない原則でビジネスを拡大させてきた。従ってこの提案は受け入れられない」と表明されたが、別の大きな力が働いたのではないかとうわさされている。さらに10月9日、パリの裁判所はスエズ・グループの社会経済委員会（CSE）の要請に基づき、ヴェオリアによる株式買収を停止する命令を出している。一方、ヴェオリアのフレロ会長はジャーナリストとのインタビューで「この歴史的な機会は、国際的な開発を促進し、イノベーション能力を強化し、フランス企業が世界チャンピオンを構築することを可能にするだろう」と、さらに「世界の水ビジネスが急速に成長し、海外進出に力を入れている中国企業との競争や、資産を買い占めるインフラファンドを心配している。我々はいつの日か、世界的な中国企業が目の前に現れることを危惧している」と述べている。

3. 合併に関し、グローバル・ウォーター・インテリジェンス（GWI）の見方

長年、筆者と交流のあるGWIの発行責任者クリストファー・ギャソン氏は11月のブリーフィングで次のように分析している。

スエズとヴェオリアは、世界における2大民間水供給者であるが、世界の主要な水供給企業20社のうち、中国企業は12社を占めている。ヴェオリアのスエズ買収計画は、ライバルの強さに対抗する新しい挑戦である。具体的には次の項目が挙げられる。

① 産業用水事業の統合の加速（競合他社より2～3倍のビジネス創出可能）。
② 巨大資本へのアクセスは、競争上の優位となる（信頼性の向上）。
③ ヴェオリアは、反トラスト法の理由からスエズのフランス水事業をメリディアム（仏・インフラ運用会社）に売却する計画である。
④ ヴェオリアは、再び水ビジネス中心の企業となる。これまでヴェオリアは固形廃棄物やエネルギーへの投資を増やし、水への依存度を減らしてきたが、スエズとの合併により水事業は50％以上増加するだろう。

さいごに

水業界にショックを与えたヴェオリアによるスエズ完全買収の動きであるが、巨大水企業の創出であるがゆえ、多くのステークホルダーへの説得、法的な規制のクリアランスなどが待ち受け、完全合併までに、少なくとも2～3年はかかることが予想されている。世界水ビジネスの環境は、この大型合併により大きな転換期を迎えるであろう。

グローバル・ウォーター・インテリジェンス誌・発行責任者のクリストファー・ギャソン氏（左）と「世界水ビジネス市場」について語る筆者
（2009年6月24日、シンガポール国際水週間で）

維持管理の手抜きがローマ帝国を崩壊させた スペイン・セゴビアの水道橋

下水道情報（令和3年1月26日発行）

　昨年は世界中で、水環境に関する国際会議や展示会がコロナ感染の影響で、ほとんどが中止または延期となった。毎年10回以上、海外の水会議や国連機関の会議などに出席し、活きた情報を集めてきた現場取材主義の筆者にとり、苦難の一年であった。しかし巣ごもりしながら、昔の訪問先を見直してみると、新しい発見がある場合が多い。

　2008年8月下旬、スペインのサラゴサで開催された「水の万博」の帰路に、ローマ時代に建設されたセゴビアの水道橋を訪れた。旧市街の玄関にあたるアソゲホ広場に立ち、天を仰ぎ見ると、全長958m、高さ28m、166のアーチが私を圧倒した。

1. セゴビアの水道橋

　セゴビアは標高1000mの台地に位置する古代ローマ時代からの要塞都市である。この要塞に水を導く水道橋は、14km先のプエンテ・アルタ水源から3％の勾配で、毎秒20L（約1800m^3／日）の飲料水を2000年にわたり供給してきた。水道橋の入り口には石作りの小屋があり、そこには沈砂を目的とした枡があり、毎日掃除と点検ができるようにバイパス水路と角落しが設けられている、水インフラ・システムは維持管理が命である。この水道橋を通った水は、城内に入ると地下の樋に入り、浴場、公衆便所、家事などに使われ、最後は城内の緑を育み、谷に排水される。広場にある噴水は、見て楽しむだけのものではない。水源の監視モニターであり、噴水は常に圧力を保つ調整弁であり、また大量の水を滞留させない工夫であろう。「水は貯めると腐る、常に流し続けろ」まさに先人の知恵である。

2. 水インフラ無くして帝国の繁栄無し（ローマ水道の基本理念）

　2000年も前に、なぜこの様な巨

維持管理の手抜きがローマ帝国を崩壊させたスペイン・セゴビアの水道橋

スペイン・セゴビア　ローマ時代の水道橋
(筆者撮影)

筆者は2008年8月に水道橋を訪れた

大建造物（水道橋）を作り、水インフラの整備をしたのか、その鍵はBC312年のローマ帝国に遡る。

　当時のローマ帝国の財務官アッピウスは「ローマ帝国の永続的な発展は、道路整備と水インフラ整備である」と行政上の権限を持つ執政官を説き伏せた。

　"すべての道はローマに通ず"とローマ街道の整備は、万人が知ることであるが、街道整備と同時に行われた水インフラ（上下水道の整備）はあまり知られていない。

　いつの時代でも後世に残る偉業を提案した時には、反対がつきものである。アッピウスが街道の整備「出来るだけ直線にして、広い石畳にする」を提案した時には「ローマ軍が攻めやすくなるが、一方敵もローマに攻め易くなる。今のままで良い」と、また上水道の整備を提案した時には「ローマには、今でも水が充分にある、地下水もあるので不要だ」と元老院が反対した。

　しかしアッピウスは、下水道まで気を配った。都市から排出された汚れた下水が谷に溜まり、そこで疫病やマラリア蚊が異常発生し、住民を襲い、ある日突然、都市が崩壊する様を懸念していた。

7

事実マラリア蚊で村落が滅亡した例もあった。

アッピウスは、まずクロアカと呼ばれる下水道を整備した、汚水を完全に流し疫病の発生（ペストや赤痢）やマラリア蚊を防ぐ。その上で水道橋から豊富な水道水を供給、水道水は公共水栓、公衆浴場、公衆トイレなどに使われ、清潔な環境を保ち住民の「安全・安心」を支えた。また豊富な水量は下水管中に汚水を滞留させない、つまり流し出す役目もあった。当時のローマ人、一人当たりの給水量は $1 m^3$／日であったらしい。

アッピウスが提唱した「道路整備と上下水道インフラの整備」は脈々と受け継がれ、ローマ軍が征服した都市には、すべてこの方式が採用された。2008年に訪れたセゴビアも征服された都市である。スペインには14基のローマ時代の水道橋が現存している。

BC312年にアッピウスが提唱した「道路整備と上下水道インフラ整備」の徹底と完璧な維持管理体制が、東ローマ帝国が滅亡するまで約1500年間にわたりローマ帝国の繁栄を支えたのであった。

3. 維持管理の手抜きがローマ帝国を崩壊させた

アッピウスは水道長官を選任し、強い権限を持たせ水路の維持管理に当たらせた。具体的には水路（地下、地上、アーチ部）の定期整備・清掃の記録や資金管理が主であり、官位も高かった。また水道長官は水質管理官を任命し、水質の保持、分岐水量（配水量）の調整を行わせた。特に水源は硬度成分が多いので、定期的に水路のスケールを除去する必要があった。また公共水（全体の約7割）は無料であったが、一部の豪族には有料で配水していたので、盗水（作業員にカネを渡し、接続させる）にも目を光らせていた。このようにローマ水道は数世紀にわたりローマ人技術者集団により維持管理されていたが、ローマ帝国の拡大とともに軍人や水道技術者集団が地中海各地の大ローマ帝国に分散した。さらに時は流れ、ローマでは「水が来て当たり前、下水は流れて当たり前」のことに慣れ、メンテナンス予算の大幅削減が行われ、技術者も去り維持管理が手抜きになった。

維持管理の手抜きがローマ帝国を崩壊させたスペイン・セゴビアの水道橋

セゴビアの水道橋　原水流入側・沈砂池と固形物除去（筆者撮影）

点検小屋

点検時に角落としにて流れを遮り、ゴミや砂を搬出

　大陸遠征で守りが手薄となったローマ帝国には蛮族がしばしば侵入するようになった。しかも水道橋が彼らの侵入口であった。たびたびの蛮族の侵入を恐れたベルサリウスは、水道橋の入口や坑道をレンガとセメントで完全に閉鎖した。これでローマの水道は完全に死んだと言われている。

4. 日本の上下水道インフラの運命は

　日本の上下水道インフラは今、未曾有の危機的状況を迎えている。公共事業費抑制や料金収入の減少で老朽化施設の更新が充分に行えず、水道の漏水事故は2万件／年を超え、また下水道管の破断により年間3千件以上の道路陥没、さらに団塊時代の技術者の大量退職、国民の水インフラ整備に関する無関心などである。

　塩野七生著「ローマ人の物語」にはこのように書かれている。「ローマ街道はメンテナンスもされずに放置の状態が続いた結果、敷石はすり減り、土砂がたまり、雑草が生えたあげくに静かに死んでいったが、ローマ水道の死に方は急激だった。公共インフラは、それを維持するという強固な意志と力を持つ国家が機能していない限り、いかに良いものを作っても滅びるしかない」と。

　「水が来て当たり前、下水は流れて当たり前」「人々の水に対する関心なし」「予算削減」「技術者の不足」と、読者諸氏は、いま日本はローマ帝国の崩壊と同じ運命を辿っていることに気が付くであろう。

③ FBIも乗り出したフロリダ州・浄水場のハッカー事件

下水道情報（令和3年3月9日発行）

　ハッカー事件は、2021年2月5日、米国フロリダ州オールズマー市（給水人口1万5千人）で起こった。市の報道官によると、金曜日の朝、浄水場の従業員が監視用のパソコンを見ていた時、自分がなにも操作しないのに画面上で、カーソルが勝手に動き回っているのを見たが、誰か同僚が見ているのかと思い、なにもしなかった。しかし、その日の午後に再びカーソルが勝手に動き、今度は水質調整用薬剤、水酸化ナトリウム（苛性ソーダ）の注入点が1万1000ppm（1.1％）に設定され、一部の浄水は既に場内の貯水槽に送られていた（市民への給水は無かった）。発見した従業員は、すぐに注入レベルを正常に戻し、上司に連絡し警察へ通報した。フロリダ州選出のマルコ・ルビオ上院議員が、この事件は「国家の安全保障の問題として扱われるべき」と主張し、FBI（米国連邦捜査局、司法省直轄）とUSSS（シークレットサービス、国土安全保障省管轄）に支援を求め、全米のテレビ局やマスコミが大々的に報じるフロリダ州・オールズマー浄水場のハッカー事件となった。

1. ハッカー事件の概要

　市の報告によると、違法なリモートアクセスは2021年2月5日、8時と13時半に確認された。一度目は短時間だったが、二度目は何者かが「データ取得システム（SCADA）」および「薬品の制御システム」を開き、苛性ソーダ（水酸化ナトリウム）の注入レベルが100ppmから1万1000ppm（1.1％）に引き上げられた。発見した従業員は、直ちにこれを正常な数値に引き下げたために、一部は浄水場内の貯留槽に流入したが、市民に供給される水道水には、影響がなかった。苛性ソーダは浄水処理のpH調整剤として用いられ、市販の排水管クリーナーなどに使われるように、極めて強いアルカリ性

ハッカー事件の舞台となったフロリダ州・オールズマー浄水場
(出所：Googleマップ／Google Earth)

を示し、タンパク質を分解する。高濃度の苛性ソーダ溶液は、人体に危険を及ぼす可能性がある薬品である。

3日後に同市を所管する警察組織や郡の保安官事務所が共同で、「さらなる不正アクセスを防止する、と同時にFBIや州・連邦政府と連携して容疑者の特定や、アクセス元などの調査を開始した」ことを明らかにした。だが2月25日時点で「容疑者の特定やアクセス元」などは判明しておらず、捜査続行中である。一方ハッカー対策の専門家から、今回のハッカーは「カーソル等の視覚的な存在を隠していない所から、レベルが低い」のではないか、との指摘も出ている。

2. なぜ大きな問題になったのか

サイバーセキュリティ・インフラ保安局（CISA）によると、米国の水道事業は約2万4千の事業者により支えられており、そのうち85％が公共事業体で運営され、施設数として15万3000の飲料水システム（上水道）がオペレーションされ、残り15％は民間で運営されている。事業者全体の約8割が中小の水道事業体である。

1）米国・国土安全保障省（DHS）の警告

浄水場へのサイバー攻撃について2015年に国土安全保障省は、次のように警告していた。

「水処理や流通システムに不可欠な自動化されたシステム制御

は、サイバー攻撃に対し脆弱である。特に中小規模の飲料水供給事業者は、早急にサイバーセキュリティ対策を取るべきである」と。2014年から2015年の間のサイバー攻撃数は、エネルギー部門は46件で、水セクター部門では25件のインシデントが報告されている。

2）リモートアクセスソフトの脆弱性

今回、ハッカーに攻撃されたリモートアクセス・ソフトウェア「Team Viewer」は、ITリモート会議、デスクトップ共有、オンライン会議、Web会議など世界中で使われている。2020年時点で同ソフトプログラムの世界接続端末数は25億台以上とも言われている。今回のサイバー攻撃は米国内の者なのか、あるいは海外からの攻撃なのか、まだ判断材料が不足しており、FBIが追求している。

使われているTeam Viewerはインターネットから直接アクセスが出来、利便性が高く、また認証がユーザー名とパスワードで可能、ハッカーにとっては、このシステムへの侵入は赤子の手を捻るように簡単である。

また浄水場のシステムには、大手の公益事業会社やダムや石油、ガスパイプライン、金融機関や電力会社で採用している「異常な動きがあった場合、アラームを出すセキュリティ対策」がなされてなかった。

事件後、米国の「サイバーセキュリティ・インフラ保安局（CISA）」は全米すべての組織に「旧型のWindowsオペレーティングシステムを直ちに更新」するように警告し、脅威勧告を発表している。

3）CISAの推奨事項

今回ハッカーされたシステムはWindows 7であり、昨年6月にTeam Viewerの使用を停止していたが、インストールされたままであり、使い慣れたシステムなので組織内で使われていた。このような背景下でCISAは次のような推奨事項を発表している。

- オペレーティングシステムは最新バージョン（例えばWindows 10）にアップデートすること。
- 多要素認証に変更すること。
- 強力なパスワードを使用し、リモートデスクトップのプロトコル（RDP）の資格情報を保護

FBIも乗り出したフロリダ州・浄水場のハッカー事件

オールズマー浄水場の貯留槽
（出所：オールズマー市ホームページ）

すること。
- 無人アクセス機能を使用しないこと、などである。

　米国のセキュリティ調査会社によると「全米の6300以上のシステムで、ユーザー名やパスワードが有効になっていない。早急にサイバー攻撃を防ぐために重層的なセキュリティ対策を取るべき」と警告している。また米国のハッカー対策研究チームは、「産業制御システムの脆弱性レポート」で2018年から2020年までに脆弱性が63％増加したことを明らかにしている。多くの水道事業者は小規模の事業体であり、機器の減価償却期間が長いために、テクノロジーの陳腐化と、それに伴うセキュリティの脆弱性が発生するが、人材および予算難に直面し堅牢なセキュリティプログラムのインストールを困難にしている。多くの浄水場の現場では、IT関連で働いている人は、一人か二人しかいないのが現状で大きな問題である。

さいごに

　日本においても、あらゆる社会インフラにデジタル化の波とコロナ対策としてリモートモニタリングと遠隔制御の採用が急拡大している。国民の命を守る上下水道のデジタル化は避けて通れない道であるが、利便性、生産性の向上とともにリスク管理の重要性を示したのが、今回のハッカー事件とも言えよう。

④

水が無ければ、半導体は作れない
～台湾の深刻な水不足～

下水道情報（令和3年4月6日発行）

　世界中で半導体不足が深刻化している。発端は米国政府による中国企業への制裁、さらにコロナ禍によるリモートワークの拡大で世界パソコン市場の過熱、また自動車用や大電力用のパワー半導体不足など、この急激な世界需要に対応できる生産増強は2021年の後半か、来年春になるとの業界筋の見方が出ている。しかし、世界デジタル化の波は1秒たりとも休むことができない。このような背景下で世界最大手の「台湾積体電路製造（TSMC）」に世界中から半導体の注文が殺到している。

　TSMCの生産する半導体は、iPhone（アイフォーン）から、冷蔵庫などの家電向け、自動車向けなど、数多くの産業セクターで欠かせない製品となっており、受託生産の世界シェアは55％を超えている。

　しかし近年、TSMC最大の弱点が明らかになった。水不足で半導体の増産が出来ない状態に突入することが、懸念されている。まさに「水無くして、半導体なし」の状態に直面している。

1. 台湾の水事情

　平均年間降雨量はおよそ2510mm（世界平均の2.5倍）であるが地域により大きな差がある。台湾は台風の常襲地であり、毎年大きな台風に襲われ、洪水、土砂崩れ、用水路の破壊、家屋の損壊被害も多い。しかし台湾の水資源の8割は、この台風によってもたらされている。では、なぜ水不足が起こったのか。

　昨年は台湾に上陸した台風が一個もなく、台湾全土で水不足が深刻化、蔡英文総統も「台湾は56年ぶりに最も深刻な水不足に陥った」とFacebookで語っている。

　特に台湾南部で半導体工場が集中している新竹、桃園地区への水源、宝山第二ダムの貯水率は10.1％（3月17日）、石門ダムの貯水率は15％を切りつつある。

・台湾政府の対策

　経済部水利署は、6月まで少雨が続くとの予測を受け、3月25日より新竹・苗栗・台中地区の工業用水の大口使用者に対する給水制限を従来の7％から11％に引き上げ、また水不足対策として急遽約51億円を投じて、桃園から新竹へ予備水道管を敷設し、新竹の漁港に海水淡水化装置を緊急配備している。

・半導体工場の対策

　半導体製造業は「大量の水と高純度の水があって成り立つ産業」であり、高集積化に対応する超純水やクリーンルームの空調用水、高純度薬品のための温調純水、半導体製造装置のリンス用水など、半導体1工場で、一日あたり最低でも20万t（水道水なら約67万人への給水規模）の水資源が必要と言われている。

　同地区に工場を構えるTSMCや群創光電（イノラックス）や友達光電（AUO）は既に対策（給水車の増員、大手給水車業者と契約、水リサイクル装置の拡充など）をとっており、今のところ、生産には影響が出ないと説明している。また長期にわたる水不足や、さらに厳しくなる工業用水の給水制限下でも、工場運営を継続できる対策を準備中とも述べている。

　同社が2015年の水不足の際に試算した経済損失は、隔日断水で10億台湾元（約38億6千万円）。そうした中、製造に使われる水量は世界で最小、例えばウェーハ1 cm^2 当たりの使用水量は5.66ℓで、米国（15.07ℓ）の約三分の一、日本（10.5ℓ）の約二分の一であ

年々、微細化・高集積化するシリコンウェーハ
（出所：TSMC Annual report）

り（世界半導体会議（WSC）の統計）、これ以上節水が出来ない状態である。

では、水の再生利用はどうなのか？　これまた、用水のリサイクル率は世界最高に近い87％で、これを90％に上げるのは至難の業である。最後の手段は給水車による南部から工業団地までの水運搬である。しかし水の運搬は、重さとの戦いである。水資源がまだ有る台湾北部から南部まで運ぶためには、相当な経費がかかるだろう。

また同工業団地にはTSMCの他、世界的に有名なUMCやバンガード、パワーチップなどの半導体製造受託企業（ファウンダリー）や液晶パネルメーカーがひしめいているので給水車の奪い合いになることは必至である。

このまま台湾の水不足が続けば、将来の半導体には、水代金が大幅に上乗せされる可能性があるだろう。

2. 台湾積体電路製造（TSMC）の現状

TSMCは米国のテキサス・インスツルメンツ（TI)の上級副社長、張忠謀（モリス・チャン）が台湾で創業し、TI時代の豊富な人脈を駆使し、製造ラインを持たない企業（ファブレス企業）から、積極的に半導体の受託生産を引き受け、今や世界最大のファウンダリーとなっている。主要顧客は、アップル、クワルコム、AMD、NVIDIA、ファーウェイなど世界数百社に上る。TSMCは、どんな尺度で比較しても競合他社をしのぐ驚異的な企業である。

2020年の売上高は１兆3400億台湾ドル（約５兆２千億円）で前年比25.2％増、純利益も50％増と大きく伸びている。設備投資280億米ドルの８割は、回路線幅３nm（＝ナノメートル、ナノは10億分の１）や５nmの最先端半導体に振り向ける方針である。

工場の増設は台湾のみならず。米国フロリダ州に新設中（投資額約35億米ドル）で、さらにアリゾナ州に120億米ドルの工場建設を計画中である。日本には最先端の開発拠点を設けるとの観測も出ている。日本経済新聞の報道では茨城県つくば市に開発を中心とする新会社を設立、投資金額は約200億円である。

- なぜTSMCは世界的な企業になったのか

創業の受託生産ポリシーの徹底である。

①最先端技術の積極採用

半導体の受託生産に徹するために、豊富な資金で最先端の製造装置（超微細工程の自動化システム）を積極的に採用し天文学的な半導体を安定して生産できる。

②ヒトを大事にする経営方針

社員に対する動機付けもすごい。今回の急増に備えるために、台湾に勤務する社員約5万人を対象に基本給を一気に2割引き上げた（今年の1月から）。また今年度は9千人を採用する方針を明らかにしている（昨年は8千人採用済み）。

③生産機材サプライヤーを大事にする経営方針

最先端のシステムを入れると、常にクレームの巣であるが、それを迅速に解決し生産能力を向上させてくれる機材サプライヤーを大事にしている。700社を超えるサプライヤーの中から毎年数社を選び表彰している。例えば「TSMC Excellent Performance Award 2019」の表彰では14社が選ばれ、日本勢は東京エレクトロン、信越化学、荏原製作所、関東化学などで、特にCMP（ウェーハ表面平坦化研磨装置）やドライ真空ポンプを納入している荏原製作所はCMP部門で8年連続、通算10回目の受賞をしている。日本勢のきめ細かいメンテナンス・サービス体制が世界の半導体生産を支えているとも言えよう。

TSMCの半導体工場
（出所：TSMC Annual report）

⑤

世界最大の水企業誕生
～ヴェオリアとスエズ合併で基本合意～

下水道情報（令和3年5月4日発行）

2021年4月、水メジャー最大手のヴェオリア社と同業2位スエズ社は合併することで急遽合意に達した。2020年10月にヴェオリア側から突如発表された買収（TOB）を含む合併の合意まで、少なくとも2、3年かかると予想されていたが、4月12日、両社が急遽合併に合意した。これで、スエズ経営陣を含め利害関係者が数ヵ月間続けてきた根強い反対運動に終止符が打たれ、世界最大の水ビジネス・廃棄物ビジネスの巨大企業が誕生することになった（これまでの経緯は連載第67回＝令和2年12月1日発行・本紙第1932号を参照願いたい）。

1. 買収・合併の合意内容

合意内容は、①ヴェオリアはスエズの未保有株約70％を一株当たり20.5ユーロで取得する（昨年の提案価格は18ユーロ）。ヴェオリアのフレロ最高経営責任者（CEO）は買収に当たり、スエズの株式価値を130億ユーロ（約1

兆6900億円）前後と明らかにした。

スエズグループは、従来の上下水道サービスの継続および新規事業開拓のために、②約70億ユーロ（約9100億円）規模の新会社を設立する。③ヴェオリアは、新しいスエズ新会社の長期的な発展を保証する。具体的には、フランス国内での水道・廃棄物事業と、イタリア、チェコ、アフリカ、中央アジア、インド、中国、豪州などの国際的な事業はスエズの新会社の管轄とする。

④ヴェオリアは買収終了から4年間、社会的コミットメントに同意することを約束する。両社は2021年5月14日に最終合意を締結する予定である。

では、なぜ急遽合意したのか。様々な見方があるが、昨年エンジー（フランスに基盤を置く電気・ガス事業者で世界2位の売上高を持つ）からスエズの株式29.9％（約4200億円相当）を取得したヴェオリアが、近い将来開かれるスエズ

18

の臨時株主総会で、現スエズ経営幹部の総退陣を求める緊急動議を出すことが予想され、お互いの利益追求とスエズ経営陣の立場を守るために急遽合意に達したとみられている。

　合意に達しても、売上高400億ユーロ（約5兆2000億円）を超すフランスを代表する巨大企業となるがゆえに、これから複数の国や地域の競争当局の承認が必要となる。この合意により、世界最大の「上下水道事業を含めたすべての水資源サービスおよび廃棄物処理を提供」するグローバル巨大企業が誕生する。

2. 過去の買収合戦で成長した世界的な企業

　90年代後半は、水メジャーと言われるフランスのヴェオリア、スエズ、英国のテムズウォーターが活躍した。

　2000年代に入り、「水ビジネスは儲かる事業」と見た世界的な企業による新規参入が相次いだ。例えばドイツのRWE（ドイツ第二位の大手エネルギー・電力会社）や米国のゼネラル・エレクトリック（GE）が積極的に水ビジネスに乗り出した。

1）RWE（ドイツ語読み：エル・ヴェー・エー）

　RWEはドイツ国内の優位性（資金力・技術力）を発揮し、中欧、イギリス、米国等で電力・ガス・水道会社の大型買収を積極的に進め、世界有数の公益事業（パブリック・ユーティリティ）会社となった。2000年時点での売り上げは630億ユーロ（約6兆9300億円）、総従業員は17万人であった。

　その資金力を持って、英国の電

世界巨大水企業の概要

企業名	水部門売り上げ	水関連の従業員	給水人口
1．スエズ（フランス）	180億ユーロ（2兆2140億円）	90,000人	1億4500万人
2．ヴェオリア（フランス）	270億ユーロ（3兆3210億円）	180,000人	9800万人／6700万人
3．テムズウォーター（イギリス）	2173百万ポンド（3260億円）	6,000人	1500万人（英国内）

※ユーロ：123円、ポンド：150円で換算（2019年のレート）

グローバルビジネスは買収合戦

2001〜2017年にGE9代目の会長を務めたイメルト氏。エコマジネーションを強力に推進した

力会社・イノジー（Innogy）やテムズウォーター（2000年に買収）、米国のアメリカン・ウォーター・ワークス（2001年買収）やカリフォルニア・アメリカン・ウォーター、チェコのトランスガス（同2002年）など、各国の民営化された水道・電力・ガス会社を買収し、「マルチ・ユーティリティ企業」の急先鋒として多国籍化を推進した。しかしRWEは再生可能エネルギー分野への出遅れ、ドイツ政府の脱原発政策に伴い経営が急速に悪化し、2013年には赤字決算に転落した。当然、今まで買収した水企業を手放し、従来の電気・ガス事業に専念することとなった。

2）ゼネラル・エレクトリック（GE）

2001年からGEの最高経営責任者（CEO）に就任したジェフリー・イメルト会長は、従来の金融サービスからの撤退を進め、GE本来のビジネスである製造業に軸足を移す劇的な変化を成し遂げた。その一つが水ビジネスへの傾注であった。

豊富な資金力で、1999年のグレッグウォーター買収を契機に、ベッツデアボーン（水処理）、オスモニクス（フィルター、膜ろ過）、アイオニクス（イオン交換技術）、ゼノン（膜処理）買収など積極的に買収を展開した。

アジア展開で際立ったのは2008年、北京オリンピック関連の335を超えるプロジェクトを行い、総額17億ドル（約1870億円）を売り上げている。水関係では水資源の統合管理や処理、国家体育場（国立スタジアム）の雨水回収システ

ム、競泳場の水浄化、南堡汚水処理場にRO膜装置納入などを手掛け、その勢いでアジア戦略を進めた。しかしイメルト会長の提唱する「エコマジネーション」（全社的イニシアティブ）は浸透せず、水ビジネスもジリ貧となっていった。2012年6月、筆者はGEジャパンから連絡を受けた。訪日するイメルト会長が「日本およびアジアの水市場について、専門家から直接話を聞きたい」との要請であった。面談の際、イメルト会長は開口一番「GE水処理部門がアジアで勝つ戦略はどう考えるのか？」であった。

売上高16兆円（2012年当時）を超えるGEの最高責任者が、「水ビジネスの動向を直接聞きたい」、この姿勢にGEのトップリーダーのアンテナの高さと、ビジネスの強さを感じた時間でもあった。

しかし2016年、GEが世界で展開する水処理事業部の売却を公表した。なぜ売却なのか、端的に言うと「水ビジネスは、長くやると、ある程度の利益は出るが、大きな発展にはつながらない」、つまりヘルスケアのように飛躍的な発展が望めないと判断したと思われる。

3）スエズ、GEの水処理事業を買収

2017年3月、スエズはGEの水処理事業を32億ユーロ（約3870億円）で買収。

スエズは手薄だった工業用水処理事業で、エコラボ、ザイレムに次ぐ、世界第三位の座を目指すとともに、世界最大の水ビジネス企業になる方針を固めていた。

しかし、今度はスエズがヴェオリアに敵対買収されることとなった。

さいごに

人口の増加、経済の発展、さらに地球温暖化の加速により世界水ビジネスを巡る状況が劇的に変化している。これらの状況に、日本企業はどう立ち向かうのか、その戦略が問われている。日本独自の戦略案を次回に示したい。

筆者（左）は2012年6月、イメルト氏とグランド・ハイアット東京で面談。氏は「水は世界の問題だ、GEは水に力を入れている！」と語った

水の専門家は"GAFA"を目指せ！

下水道情報（令和3年10月5日発行）

　GAFA（ガーファ）とは、米国の主要IT企業であるグーグル（Google）、アマゾン（Amazon）、フェイスブック（Facebook）、アップル（Apple）の4社の総称である。そのGAFAが、世界中から水の専門家を急募している。

　GAFAの実力は驚異的である。今年の8月には、GAFA・4社の株式時価総額は7兆500億ドル（約770兆円）を超え、日本株全体の時価総額（約750兆円）を上回っている。また彼らの21年1～3月期決算数値も凄い。新型コロナウイルス流行に伴うオンラインサービス需要を追い風に、4社とも増収増益を確保。4社の合計売上高は30兆円（1～3月期決算）を超し、その利益総額は6.4兆円（利益率21.3％）である。

　このまま推移すると4社合計の通期決算は120兆円を超すのではないかとの予想も出ている（因みに昨年の4社合計の通期決算は約85兆円）。この巨大4社の最大の目標はサスティナビリティ（経営の持続可能性）で、年々倍増するデータセンター向けカーボンフリーのエネルギーの活用である。

　例えばグーグルでは、再生可能エネルギー（風力、太陽光など）で作られた電力を採用し、2017年に再生可能エネルギーを使い始めた。2020年には6ギガワットの再生可能エネルギーを購入している。グーグルは最終目的として2030年までに全世界（約150ヵ国）のデータセンターおよび事務所・キャンパスを「化石燃料に依存しない、カーボンフリー・エネルギーで24時間365日運用」することを目指している。しかし同時にGAFAは大きな課題を抱えている、それは、想像を超える速さで増大するデータ量を捌き、蓄積、流通させるデータセンター・サーバー向け電力需要である。

1. 予測できないデジタルデータの増加率

米国の調査会社IDC(International Data Corporation) は2020年5月「世界のデジタルデータ総量は59ゼタバイト※を超えた」と発表した。さらに今後5年間で、「過去5年間の世界交信データの3倍以上のデジタルデータが生成」されると予想しているが、2030年時点における世界デジタルデータ総量については「過去の経験則がアプライできない速度で成長するだろう」と述べている。

同じく米国CISCO社は、過去の実績として2015年から2020年にかけてのデジタル・トラフィックデータ（通信回線を経由してやりとりされるデータ量）は、この5年間で2.7倍になり、特にモバイルデータは年平均成長率53％（5年間で7.8倍）増加したと報告している。また日本の科学技術振興機構（JST）の「情報化社会の進展がエネルギー消費に与える影響（Vol.1）」提案書では、2030年に世界の情報量は現在の30倍以上、2050年には現在の4千倍以上に達すると予想している。

※ゼタバイト：10の21乗のデータ量（テラ、ペタ、エクサ、ゼタと千倍ずつ増加）

2. IT関連で必要とされる電力量は

IT機器関連（データセンター向けサーバー、個人用のPCや携帯電話、ネットワーク）での消費電力予測は前述のJSTの提案書によると以下の表の通りである。

2050年までの世界消費電力の増加率は、2016年比で約4300倍、2030年比では約120倍である。またIT関連機器の消費電力のうち、データセンター向け電力消費量割合は約30〜35％と推定されている。いずれにしても急激な消費電

IT関連機器の消費電力予測

IT関連消費電力予測	2016年	2030年	2050年
世界の消費電力（TWh/年）	1,170	42,300	5,030,000
日本の消費電力（TWh/年）	41	1,480	176,200

(出所：国立研究開発法人科学技術振興機構『情報化社会の進展がエネルギー消費に与える影響（Vol.1）』)

力の増加が予想されている。

3. データセンター消費電力の内訳

　一般的に大型データセンター電気代の内訳は、冷却用の空調が約45％、IT機器（サーバー、ネットワーク機器、監視機器など）が約30％、電源設備（無停電電源、緊急用発電機など）が25％と言われている。従って各社とも、いかに電気代を削減するかに知恵を絞っている。基本的な削減方針は、①すべての機器の高効率化、②新方式の冷却システムの採用、③空調設備の最適化、④AI/IOTによる効率的な空調制御などである。

4. 空冷から冷却効率の高い水冷への動き

　サーバー消費電力の削減が、データ企業の命運を分ける時代になり、2017年には北極圏の寒冷な気候で効率的な冷却を行う世界最大級のデータセンター（仮想通貨関連はノルウェーやスウェーデンに拠点）が設置され、2018年には再生可能エネルギーで稼働する「海中データセンター」がマイクロソフト社により試験設置された

（スコットランド沖合の海底）。またグーグルは「データセンター自身の冷却システムをAIに任せる」ことにより30％の省エネに成功している。日本国内でも、さくらインターネット株式会社は、北海道石狩市（年平均気温7.5℃）へデータセンターを設置している。しかし、いずれも従来の空冷方式の効率化を外気温の有意差（低温）を活用しており、既に限界値に近い。近年のスーパーコンピューターのように、空冷から間接水冷（１次系（溶媒）と２次系（水）ループ）および直接水冷に注目が集まっている。

5. 水処理技術者への要求

　GAFA各社は、すべて「2030年までにカーボンゼロを目指す目標」を掲げている。特にグーグルは熱心で2030年までにカーボンニュートラルを達成するために、事業面すべての項目で「Google Sustainability」の達成を目指している。特に気候変動による世界的な水不足の課題解決に取り組む姿勢が強調されている。具体的には世界中のグーグル施設でのより良い水管理、地元の水システムと

水ストレスの解消、雨水活用、水のリサイクル、効率的な空調水管理など、多くの水に関する課題解決にパートナーと協力して取り組むことを明言している（グーグルは2019年度、50億ガロン（約1290万m^3）の水資源を使用）。

グーグルはグローバルおよび地域のステークホルダーなどと提携し、水の持続可能性に関する窓口として、学際的な環境で作業する水管理チーム員を募集している。既に同社は持続可能性のグリーンボンド債券57億5千万ドル（約6325億円）を発行し、その収益で世界の環境保全と社会の健全化を支援することを明らかにしている。

GAFA各社の水処理技術者に関する募集内容（目的と応募条件など）を次ページに示す。

あとがき

急速に進展するGAFAのようなIT業界には、従来とは異なる水分野での活躍の場が創出される。日本国内の水市場がシュリンクする中で、これから大きな進展が期待されるIT関連業界に、果敢に攻め入る水専門家の意気込みを期待したい。

募集内容に興味を持ったら、各社のリクルート欄や「水の仕事―ウォータースチュワードシップリード」（joshswaterjobs.com）を訪ねて欲しい。世界各国のリクルート情報満載である。

風力タービンが稼働するグーグルのデータセンター（出所：グーグル）

GAFA各社の水処理技術者に関する募集内容（応募条件）（令和３年８月現在）

◆グーグル（勤務地：米国・サンフランシスコ）

【最小資格】
- 水に関する関連分野（環境学/管理など）または同等の実務経験の学士号保持者
- 水関連分野で経験７年以上
- プロジェクト管理の経験
- 水管理プログラムの開発および/または管理の経験（例：水補充プロジェクト、流域の健全化管理）、水プロジェクト属性の評価、水プロジェクトのデューデリジェンスの遂行および監視の経験

【優先資格】
- 関連分野における修士学位（環境学・経営など）保持者
- 水管理分野におけるステークホルダー管理の経験要
- 調達、契約および仕入先管理の経験
- サスティナビリティに関する高度な知識（例：カーボンフットプリント、ライフサイクル評価、サスティナビリティデータ分析、環境方針、環境教育など）

◆アマゾン（勤務地：米国・シアトル）

SSI（Sustainability Science and Innovation）チームは経験豊富なリサーチサイエンティストを募集している。アマゾン全体の環境および社会問題を評価し、サプライチェーンの持続可能性を追求するために、LCA、製造、設計、開発、調達に関する詳細な知識を持っている科学者を募集する。この候補者は複数の利害関係者でコンセンサスを推進する優れたコミュニケーション、交渉のスキルが要求される。

【基本的な資格】
- 工学、技術、科学（環境または水環境科学、または化学、機械、産業生態学）に関する博士号保持者
- 持続可能性の研究、または持続可能性推進に関する５年以上の学術または業界研究の経験者
- 持続可能性フットプリントおよびLCAのモデル構築と使用の経験者
- 統計分析と数学的モデリングの能力
- 多様なチーム、または多様な範囲の同僚と協力する能力

水の専門家は"GAFA"を目指せ！

◆フェイスブック（勤務地：米国・フレモント）

データセンター開発のために世界中のサイトを評価し、大規模で成長するデータセンターポートフォリオ構築のために、上下水道部門を横断するプロジェクトの取り組みを主導するウォーターマネージャーを募集する。このポジションは、より広範囲な開発チーム内の上位ウォーターマネージャーに直接報告し、他のデータセンター水チームと緊密に連携する。
【最低限の資格】
• 水に関する学士号保持者
• 水および廃水プロジェクト、水資源管理、水文地質学における10年以上の経験者
• 米国東部の工業用水、水道事業者との協力、認可の経験者
• 複数のプロジェクトを管理し、社内スタッフ、社外のコンサルタント、その他利害関係者と調整した経験者
【優先資格】
• 水に関する修士号保持者
• データセンターの上下水道インフラ構築の経験
• 専門の土木技師免許保持

◆アップル（水関連の本社募集は終了、募集は各国で）

本社で募集中のクリーンエネルギーのマネージャーは、気候変動と戦うための有意義なプログラムの作成、特にエンジニアリング、設計、環境に適した運用、グローバルチームと密接に連携できる能力のあることが条件。そのためには政策、環境規制、エネルギー分野の経済分析やエネルギー市場を理解している必要がある。
【求められる能力】
• 7年以上のクリーンエネルギーのコンサルティング、公益事業での経験
• 基本的な経済知識、カーボン節約技術の分析および実施能力
• 北米と欧州でのエネルギーと気候変動対策の経験、アジア市場での経験があれば尚可

• ペースの速いグローバルな環境で複数の優先事項を実行するための強力なプロジェクト管理および時間管理スキルが求められている。

アップルで活躍するエキスパートに共通する「スキルと能力」の要求水準は面白い。
• 強力な分析力と批判的思考力
• 突然の挫折に直面した時の落ち着き
• ペースの速い環境での運用意欲
• 不確かな80％の情報で迅速な意思決定を行う能力
• 知識と新知識を迅速に学ぶ渇望能力
• 国内外を旅する意欲（年平均30〜50％）

27

水なくして、国防なし

下水道情報（令和3年12月14日発行）

　公益財団法人「日本国防協会」から要請を受け、元防衛省の上級幹部や自衛隊元海上幕僚長など、国防に関するVIPを前に講演した。演題は「水なくして、国防なし」。筆者にとり世界の水資源の危機的な状況や、今後の水資源の確保などは慣れている講演テーマであったが、国防と水との関係は初めてである。ぜひ"水の視点から国防"を考えてみたい。

1. 国防とは、水資源の確保である

　国防とは、「国外に存在する敵が行う自国への侵略手段への対抗手段として、主に軍事的手段を行使する国家活動」であると定義されている。筆者は国防の基本は何があっても国民の命を守ることであり、「国民の生命を底辺で支えているのが、水資源である」と主

水を巡る世界の紛争地域　（出所：PACIFIC INSTITUTE,『Water Conflict Chronology』）

張した。世界人口は今、約77億人、2050年には90億人に達する予測も出ている。過去100年の歴史を振り返ると、人口増加率の2倍が水需要の伸びであった。これから絶対的に世界は水不足に直面することになる。繰り返しになるが、国防とは水資源の確保である。

2. 水資源を巡る国家間の争い

国連加盟国（193ヵ国）で自国の水源を保有している国はわずか21ヵ国である。日本は島国なので当然、すべて自国の水源である。自国の水源がない国（離島国を除き）はすべて国際河川を通じ、他国に頼っている。生活に必要なモノが不足すると、そこに必ず、紛争と関連ビジネスが勃発する。水を巡る争いは年々増加し、激化している。ここに中東イラクで起きた過去事例を紹介する。

3. 水と石油は国家なり……
　　サダム・フセイン物語

イラクはメソポタミア文明の発祥の地で、チグリス・ユーフラテス川流域の周辺都市は、水が豊かだが、基本的には砂漠の国（年間降雨量216mm、国土面積は日本の1.2倍）である。またイラクは世界で3番目の原油埋蔵国でもある。砂漠では「水の一滴は、血の一滴」であり昔から水争いが絶えなかった。チグリス・ユーフラテス川は国際河川であり、トルコが源流で、シリア、イラクを流れている。その長さはチグリス河が2900km、ユーフラテス川が1970kmであり、当然、流路が長いと汚染される機会が多い。米国国防省の秘密ファイルでは、両河川とも通常時は病原性汚染水が多く、渇水時は塩分濃度（1500-

サダム・フセイン
（1979年、大統領に就任）

2000ppm）に達することがあると
指摘している。

1）水と石油は国家なり

　世界のならず者と呼ばれたイラ
クのサダム・フセインの日課は水
泳と水浴びで、すべての王宮に
プールと滝やジャグジーが備えら
れていた。用心深いサダム・フセ
インは、毒殺を恐れ、毎日複数の
検査員に水質検査をさせていた。
　彼の主張は「国（イラク）の統
治は水だ」として、当時の国民
2200万人のうちフセイン政権に隷
属する1300万人に「水と食料の無
料配給制度」を作り独裁政権を維
持した。決して秘密警察と市民弾
圧で、国民を統治していたのでは
ない。決め手は水であった。
　サダム・フセインは、「水と石
油は国家なり」として水資源の確
保に邁進した。1980年代、豊富な
石油収入で積極的に水道システム
を整備した。その結果1960年代に
比べ、幼児死亡率は1／3に、全
国民の約7割に安全な水道水を供
給できるようになった。浄水場の
能力は約3倍となり、水処理機器
はほとんどが米国からの輸入品で
あった。1980年9月、隣国イラン

がイラクの水力発電所ダムを破壊
したことにより、第一次イラン・
イラク戦争が勃発したが、1988年
に国連の安保理決議を受け入れ停
戦を迎えた。その後サダム・フセ
インは、さらに水道建設に力を入
れ、主要都市200ヵ所以上に浄水
場を建設。遠隔地には1200台以上
の小型浄水装置を設置し、山岳地
区には給水車（トラックウォー
ター）を配備、その結果9割近く
のイラク国民が安全な水にアクセ
スできるようになった。

2）イラク軍のクウェート侵攻
　（1990年8月）

　サダム・フセインは敵国イラン
を積極的に支援したクウェートに
侵攻、奇襲攻撃を仕掛けた訓練さ
れたイラク軍は、わずか20時間で
クウェートの軍隊を粉砕し、ク
ウェート全土を制圧した。侵攻の
理由は「クウェートによるイラク
石油資源の盗掘」退治であったが、
裏の目的はクウェートの有する最
新鋭の海水淡水化装置の水の確保
でもあった。国連安保理決議（第
660号と661号）は、イラク軍の即
時撤退の要求と、経済制裁を開始
し、翌年1月15日までにクウェー

水なくして、国防なし

国連・安保理の決議なくして攻撃開始
「イラクの自由作戦」の名で
イラク武装解除問題、
大量破壊兵器保持の疑い？
を理由とする軍事介入
（第二次湾岸戦争とも）
軍事施設、通信施設、浄水施設、
王宮を再び狙い撃ち
（GPS付きミサイルで完璧な破壊）

→ 150万人以上のイラク国民は、安全な水が無いために腹痛、下痢に罹患、乳幼児死亡率増加。

イラク戦争：2003年3月20日〜2011年12月15日（8年8ヵ月）
（写真出所：USAID（アメリカ合衆国国際開発庁））

トから撤退しなければ、壊滅的な結果を招くと警告を発した。

3）湾岸戦争勃発
（1991年1月17日〜42日間）

国連の求めにより、「34ヵ国による多国籍軍（42万人）」が構成され空爆を開始。2月23日からの陸上戦によりイラク軍はクウェートから完全撤退した。さらに多国籍軍は、その矛先をイラク国内に向けた。徹底的な空爆「砂漠の嵐作戦」で軍事施設、通信施設、橋、道路、浄水場、パイプラインなどが徹底的に破壊された。本来ならばジュネーブ協定（第54条）で「戦闘中であっても浄水施設の破壊を禁止」とする国際協定違反であった。

多国籍軍（米軍が主体）で使われたミサイルや弾丸は、ほとんどが米国製で武器弾薬・在庫一掃セールとも呼ばれ、その攻撃映像は全世界に配信、米国製兵器の優秀さがPRされた。戦費総額611億ドルのうち、約520億ドルは他国（日本を含む）の負担で、米国の負担はわずかであった。日本は憲

法上の制約から軍隊を出せず、財政支援として130億ドルを負担した。だが湾岸戦争終結後もサダム・フセインは水道復旧を諦めなかった。将来のイラク石油採掘権を、ロシア、ドイツ、フランス、中国などに与える約束で前金を受け取り、武器や水道機材を購入、またパイプラインの復旧や給水車を増強し、イラク国民の安全な水へのアクセスは65％台まで回復した。

4）イラク戦争勃発
（2003年3月〜2011年12月）

米軍が主体となる有志連合による「イラクの大量破壊兵器義務違反」を理由とする軍事介入が「イラクの自由作戦」と名付けられ、戦争が開始された。再びイラクの軍事施設、通信施設、浄水場などが、今度はGPS付きのミサイルで完全に破壊された。その結果150万人以上のイラク国民に水に由来する健康被害が続出、乳幼児死亡率も増加した。さらに劣化ウラン弾（放射能を含む）の使用で、白血病やガンが誘発されたとも言われている。劣化ウランは、核兵器の原料となるウラン235を濃縮する際、不純物として分離された放

射能を有する金属である。その比重は19（鉄の比重は7〜8）で、着弾時に高温を発し、強い貫通力を発揮するために対戦車砲として使用された。着弾時には、激しく火花を散らし、酸化ウランの微粒子を周囲にまき散らす。雨が降れば放射能を持った微粒子は地下浸透し、地下水の放射能汚染を引き起こした。

湾岸戦争で約500t、イラク戦争で約300tの劣化ウラン弾が使用されたと米国議会では報告されている。劣化ウラン弾は、核兵器でもなく、放射線兵器にも分類されず、大量破壊兵器でもなく、国際的にも野放しの状態である。

さいごに……日本のイラク貢献

日本によるイラク人道復興支援は2003年12月に閣議決定された。

イラク復興支援として特別措置法を制定、主項目は①医療支援として病院の運営。維持管理、住民診療の実施、②給水支援として河川水を浄化し、生活用水として住民に配給、③学校等の公共施設の復旧・整備、であり、可能な限り現地住民に雇用の機会を作ることであった。自衛隊による活動地域

水なくして、国防なし

は、最も貧しいムサンナ県の非戦闘地域（サマワ）で展開された。その2ヵ月間の給水実績はムサンナ県水道局へ4340m^3、自衛隊駐屯地へ4070m^3、オランダ軍へは420m^{3}であった。それまで不衛生な水を飲まされていた住民からは「日本の自衛隊の水を飲んだら病気が治った」と評判になった。2004年5月にイラクから撤退する時に、現地で使用していたRO膜付きの浄水装置は、すべてイラク側に寄贈され運転が継続された。日本政府は、その後「当面の支援」として15億ドルの無償資金援助（電力、教育、水、衛生など）、さらに「中期的な支援」として35億ドルの円借款（インフラ整備に充当）、最大約60億ドルの支援を実施した。まさに国民の命は水で支えられていると言えよう。

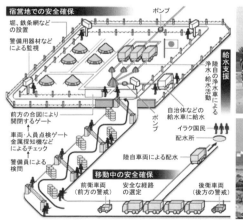

自衛隊・サマワにおける給水支援活動
（写真出所：自衛隊広報誌、図出所：朝日新聞、2003年12月20日）

欧州大陸、過去500年で最悪の干ばつに直面

下水道情報（令和4年9月20日発行）

地球温暖化の影響による気候変動で、世界中で「干ばつと洪水」が頻発している。干ばつや洪水の被害は、毎日のように報じられているが、それらが、どのように人間社会や経済活動、さらに農業等に影響を及ぼしているか、数値を持って報じられている例は少ない。今回、欧州委員会（EU）の監督する「欧州干ばつ観測所（EDO）」が2022年8月の速報・報告書として、詳細な分析数値を示しているので、紹介したい。

1. 欧州大陸、過去500年で最悪の干ばつに直面

年初以来、欧州の国家・地域に重大な影響を与えている深刻な干ばつ被害は、欧州大陸の47％に達し警戒態勢に直面している。その原因の一つは北極側から欧州に流れる気流の温度が例年より高く、またサハラ砂漠側からの熱波も影響していると見られている。また目に見える水資源だけではなく、土壌も明確な水分不足であり、欧州大陸17％の植生が影響を受ける警戒状態になっている。

現在の気象予報では、欧州大陸のみならず、地中海沿岸地域は本年11月まで、平年より暖かく乾燥する可能性が高いと報じられている。

1）欧州の農作物被害

2022年の穀物としてトウモロコシの収量は、過去5年間の平均を16％下回り、大豆とヒマワリの収量は、それぞれ15％と12％減少する見込みである。

2）国際河川を利用した内陸輸送

国際河川の低い水位は、大型輸送船（ばら積み船）が航行不可能となり、舟運が妨げられ、特に石炭や石油輸送、穀物輸送等に影響を与えている。

3）発電事業に重大な影響

欧州の火力発電所や原子力発電所は、ライン川やドナウ川のよう

な河川水を使い、タービンを回した蒸気を冷却し、循環使用しているが、まず河川水量の不足があり、さらに河川水の水温上昇にて冷却効果が減少し、発電能力が30％以上減少している。原子力発電大国のフランスでは、原発56基のうち、約半数が機能停止している。

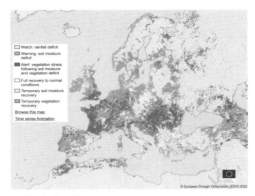

欧州干ばつ地図（出所：欧州干ばつ観測所（EDO）Webサイト https://edo.jrc.ec.europa.eu）

4）排水の再利用

仏・モンペリエ大学の調査によると、フランスの排水再利用率は1％未満で欧州で最悪、イタリアは8％、スペインは14％に過ぎない。一方、常に水不足に直面しているイスラエルは、水の再利用の真のパイオニアであり排水の80％を再利用している。

2. 欧州各国の干ばつ被害状況

1）ドイツ

スイスを源流に持ちドイツを経てオランダに流れるライン川（総延長1233km）はドイツ国内で698kmの流路で、「父なる川」と呼ばれ歴史的にドイツ経済を支えてきた。しかし現在、フランクフルト付近の水位の低下が著しく、通常は1.5メートルの水深で安全に航行できる大型船が危険な状態になり、食糧や燃料の運搬が停滞している。特に懸念されるのは、ロシアが供給を絞ったり停止したりしている天然ガスの代替として石炭が注目されているが、水位の低下でライン川沿いの火力発電所に石炭を運搬できない可能性が示唆されている。近隣各国から電力を輸入しているドイツでは、夏のピーク時の電力費は通年の8倍を記録した。

2）フランス

フランス電力公社（EDF）は、ロワール川（総延長1003km）、マース川（同925km）、ローヌ川（同

814km）の水量が減り、また川の水温が熱波で上昇したことで、一部、出力を落として運転している。また水量が確保できても、加熱された原発の冷却水を流せば、さらに河川水の温度が通常5〜7℃上昇し、生態系に大きな影響を与える恐れがあるが、背に腹は代えられないために「一時的に河川水の上限温度の規制を緩め」、発電量を確保している。水道への影響も大きく、既に100以上の自治体でパイプ輸送が不可能になり、給水車で飲料水を配っている。フランス北西部や南東部では、農地への給水が禁止され、農作物の収穫が激減することが予想されている。フランスのベシュ環境相は、「今までの記録にない、深刻な干ばつ被害」と説明している。

3）フィンランド

　フィンランドでは、国内の水力発電ダムの水位が、一定以下になった場合、近隣各国への電力輸出を制限する方針を打ち出している。フィンランド南部の水力発電ダムの通年・貯水量は74%であるが、既に49%近くまで低下している。水力発電王国ノルウェー（水力発電95%）も同様に水不足による電力輸出制限を検討している。

4）英国

　英環境庁は全国14地区のうち、8区域が干ばつ状態にあると報告している。また英国のBBCによると、英国内では少なくとも100万人以上の市民に影響が及び、特に干ばつがひどいケント州やサセックス州では、庭への散水禁止、ホースを用いた洗車を禁止し、仮に違反した場合は1000ポンド（約16万円）の罰金が科せられることになっている。最大野党の労働党は、政府の渇水対策の不備を非難、特に英国全土の漏水が毎日、供給量の20〜24%に当たることを指摘し、政府の無策を追求している。農業にも深刻な影響が出ており、このままでは、ジャガイモや玉ねぎなどの野菜収穫量は50%近く減収する予測が出されている。

5）オランダ

　ライン川の最下流で、しかも国土面積の四分の一が海面より低いオランダも、長引く干ばつ被害を受けている。あまり知られていないがオランダで生産されるジャガ

イモの75％は輸出されている。購入者は、世界的な多国籍企業（マクドナルドやKFCなど）で、毎年2月に収穫見積もりの80％の固定価格（1kg当たり、約9セント）で購入契約が事前に結ばれている。

しかし近年は、異常な干ばつ被害で、ジャガイモのサイズが小さく、収穫量も確保できない見込みで、多国籍企業との契約の破棄も含め交渉中であるが、当然のことながら多国籍企業は、契約破棄はありえないとしている。農家は灌漑システムの費用上乗せを要求している。自由市場では、収穫量が少ないために、既に1kg当たり30セントを超えており、農家は多国籍企業との契約を破棄し、自由市場で売りたいが、契約先企業から法外な違約金を要求される可能性も出てきている。

6）スペイン

スペインでは、干ばつが深刻化している。特に南部アンダルシア州の盆地は、砂漠と呼ばれるほど乾燥がひどく、川底は干上がっている。

イベリア半島の一部は、過去1200年間で最も乾燥しており、およそ7000年前の墓とみられる巨大な石が、湖底から出現した。山火事によるスペイン国内の消失面積は、既に平年の4倍（東京23区の4倍の面積）に達している。落雷による大規模な山火事が発生し、走行中の列車が巻き込まれ10人以上が負傷したことが報じられている。農業被害もひどく、地中海沿岸ではアーモンド、ヘーゼルナッツ、イチジク、南部ではトウモロコシ、綿花、コムギ、オリーブ、ブドウの栽培が激減している。

さいごに

欧州で起こっている、過去500年で最悪の干ばつは、本年11月頃には解消される見込みであるが、これまでの「水不足による損害を埋め合わせることは不可能」であると欧州委員会は分析している。

ドイツの干ばつ、ライン川の低水位
（出所：iStock/AL-Travelpicture）

ウクライナ侵攻、ロシアとの制水権争奪戦

下水道情報（令和4年11月1日発行）

ロシアのウクライナ侵攻は、国際秩序に大きな影響を与えている。国連の安全保障理事会（安保理）の常任理事国で、核保有国であるロシアが19万の兵力を持ってウクライナに侵攻（2022年2月）。これは武力による侵略であり、明らかに国際法に違反する行為である。しかも国連安保理の「ロシアが侵攻したウクライナ4州を併合する試みを非難し、領土変更を認めず、即時撤退を求める」決議案はロシアの拒否権行使で否決された（9月30日）。

毎日のようにロシアとウクライナ軍との軍事的攻防は伝えられているが、ほとんど報道されていないのが、ウクライナとロシアとの国家の命運をかけた制水権・争奪戦の現状である。

1. ウクライナの水資源

ウクライナの国土（約60万km²、日本の約1.6倍）は、豊富な水資源に恵まれている。「欧州の穀倉地帯」と呼ばれるほど広大で肥沃な黒土を保有しており、産出されるひまわり油は世界第一位でトウモロコシと大麦は世界第三位、小麦は世界第六位と言われ、国民の2割が農業に従事し、輸出総額の約3割を穀物が占めている。これを支えている水資源は、森林・ステップ気候で、年間降水量は1200～1700mm（日本は平均1700mm）であり、北部の山岳地区から国内を縦断するドニエプル川（河川長2290km）、ドニエストル川（同1362km）、デスナ川（同1130km）などの本流とその支流により全土にくまなく配水されている。つまり豊富な水資源がウクライナ経済を支えている。

2. 水は最大の防御兵器である

ロシアによるウクライナ侵攻は2022年2月24日に開始された。二日後には首都キーウ（キエフ）から北方約20kmに位置するオボロン地区にロシア大戦車隊がすばやく

38

ウクライナ侵攻、ロシアとの制水権争奪戦

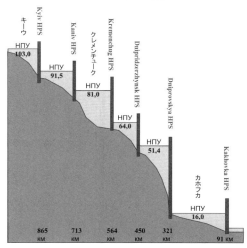

1986年から整備された
ドニエプル川の貯水システム
(出所:「WATER RESOURCES OF UKRAINE. STATE AND PERSPECTS OF USE」Peter Kovalenko, UNAAS, Vice-president of ICID／一部、筆者が日本語加筆)

侵攻、近郊のホストメル空港もロシア軍に掌握され、地上部隊とヘリコプター200機が動員配備された。

世界中のマスコミが首都キーウ陥落は短期決戦、時間の問題か？と報道している中、突然ロシア軍の侵攻が止まった。

1）ダムの水は最大の防御武器

ウクライナ軍はロシア軍の侵攻防御作戦で、首都キーウに通ずる橋をことごとく破壊したのだが、最大の防御は、キーウ北部のデミディフ村の住民が、発電用のダムの水門と堤防を破壊し緊急放流し、自村を完全に水没させた。なぜ意図的にダムを破壊し放流したのか。勿論ロシアの戦車隊から首都侵攻を防ぐことにあったが、現地のウクライナ軍に首都防衛配備の準備時間を与えるためでもあった。

緊急放流の結果、首都に通ずる道路や農地は泥で埋まり、低地は沼地と化した。ロシアの戦車隊（T-64は重量36〜42t、T-90は46.5t、T-95は50t）はぬかるみにはまり、侵攻不可能となった。勿論、う回路を探したが結局、発見できず、3月下旬にはこの地から撤退、戦車隊を含む師団は、東部のドンバス地方に移動したのであった。つまりウクライナにとり、ダムからの緊急放流が最初で最大の防御武器であった。緊急放流から2ヵ月後も、村には洪水の影響が残っていたが、村民の表情は明るかった。デミディフ村の住民は、ロシア軍

39

による村の殺戮を防いだだけでなく首都キーウを守った民としてウクライナ国民から称賛されている。

3. やったらやり返す……クリミア水戦争

2014年2月27日、ロシア軍によるクリミア侵攻が起きた後に、ウクライナ側は北クリミア運河を堰き止めてクリミア半島（面積2万6千km^2、福島県の約2倍）への水供給を遮断した。その結果、ロシア軍が駐留するクリミア半島は水不足に陥った。クリミア半島と言ってもウクライナと繋がっている陸地は腐敗干潟（スィヴァーシュ）が広がっており、いわば島に近い状態であり、常に水不足に直面し、淡水の水需要の約8割を北クリミア運河（ドニエプル川）に依存してきた。もともとクリミア半島には、住民が暮らせるだけの沼地や井戸があったが、ロシア駐留部隊、例えばロシア軍の誇る「第56独立親衛空中襲撃旅団」（アフガン侵攻、チェチェン戦争の先導役で活躍、推定兵力2万から5万兵）および弾薬庫建設部隊や補給部隊が集結した結果、大量の水が必要になり、ウクライナ側により水供給が遮断された。国際法に違反しクリミアに侵攻したロシア側は、クリミア半島に居住する住民の命を守る水資源を止めることは、「国際人道法に反する暴挙」と非難したが、ウクライナ側は、「どちらが国際人道法違反か、よく考えてみろ！」と一蹴していた（2014年3月）。

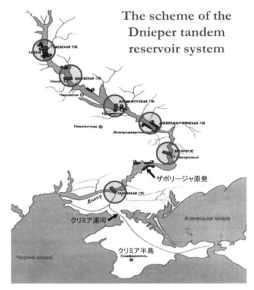

ドニエプル川の流域図。総延長：2290km、下流川幅：3km。○印は堰および取水口
（出所：同。一部、筆者が日本語加筆）

1）ロシア軍の反撃

2022年2月24日のウクライナ侵攻開始で、真っ先にロシア軍はクリミア半島から北上し、北クリミア運河にある、ウクライナ側が構築した堤防を破壊しクリミア半島への水を確保した。これが、最初の華々しい戦果であった。さらにロシア軍は侵攻後クリミア水路に繋がるダム（貯水、発電用）や送電線、浄水場、貯水池などをミサイルで次々と破壊、その結果ウクライナ全土で約460万人が安全な水道水を入手できなくなり、衛生状態が悪化し、乳幼児の死亡率が20倍になった（ユニセフの報告）。農業用水路やポンプ場も破壊され、次年度の作付けが不可能な状態であり、将来の国際穀物相場に大きな影響を与えることが危惧されている。

2）制水権争い

豊富な水資源で国家を支えてきたウクライナにとり、破壊された貯水池や灌漑施設をいかに早く復旧させるかが、国家の命運である。逆にロシア側にとっては、クリミアに駐留する部隊へ給水する北クリミア運河のあるヘルソン州をいかに奪還し、支配下に置き制水権

を確保するか。また水力発電所を破壊し、原発を抑えることが勝利への命運である。まさに「水の確保は国家の存亡なり」と言えよう。

4. 水道復旧に関する国際援助

ユニセフは緊急援助として発電機や液化塩素（消毒殺菌用）を支援し、約140万人の飲料水を確保できた。また赤十字国際委員会は、ウクライナ東部ドネツク州のドンバス地方で水道施設のリハビリ、井戸の掘削や水処理薬品を継続的に支援している。

日本側からの水道支援としては、横浜市がウクライナの姉妹都市オデーサ市（港湾都市）へ緊急支援物資として、移動式浄水装置33台や自家発電装置31台を供与している。また、知られていない日本政府の水関連支援は「キエフ市の下水処理場改修プロジェクト」である。同市の下水道は旧ソ連時代に整備が進められたが、老朽化が激しく、2013年に国際協力機構（JICA）による調査が開始され、2015年に円借款による事業が始まっている。参考までに外務省の『開発協力白書』を見ると、ウクライナ向け主要ドナー国別の経済

協力実績で2016年は日本がトップドナー（350百万ドル）であったが、2017年は米国、2018、2019年はドイツに抜かれている。

5. 原発攻撃と水問題

マスコミ報道では、ロシアによる核兵器の使用と原発攻撃問題が大きな話題となっているが、福島原発の除染作業や原子炉の循環水からの放射能除去（ラドデミ）に従事したことのある筆者にとり、別の見方もある。

北クリミア運河の上流にはザポリージャ原発があり、仮にこの原発が破壊されると漏れ出した放射性廃液がクリミア運河を汚染し、確保した取水口を通りクリミア半島に流入する。自ら首を絞める事態になることを恐れ、原発を守るために駐留しているのかもしれない。

また2月の首都キーウ侵攻の際、ロシア軍はチェルノブイリ原発を占拠した。もし破壊されたら、ロシア軍部隊が、放射能汚染で、まったくキーウに侵攻不可能になる。むしろ原発をロシア管理下に置くことによ

り、占領後の経済復興を考えたのかもしれない。核兵器の使用も同じで、将来、ウクライナを占領し、そこから経済的な利益を得る目的なら、絶対に原発攻撃や核兵器の使用に踏み切らないであろう。両方とも、脅しとして最強の兵器であろう。しかし狂気に満ちた指導者の行動は誰にも推察できないことは歴史が証明している。

さいごに

その昔から、人類や国との争いの陰には水問題（制水権）が介在していることを忘れてはならない。一刻も早くウクライナ侵攻を止めることが、日本を含む国際社会の使命と考えている。

ドニエプル川の水力発電所
（著作者：Carport - 投稿者自身による著作物, CC BY-SA 3.0／一部、筆者が日本語加筆）

欧州の給水塔、スイスが大渇水
~欧州経済の行方は~

下水道情報（令和5年10月10日発行）

アルプスの氷河、数多くの湖、清流河川など豊富な水源を持つスイス。長い間スイスは「欧州の給水塔」として欧州の人々の暮らしや経済を支えてきた。昨年（2022年）欧州が過去500年で最悪の渇水に見舞われた時、スイスは無縁と思われていたが、国内の調査が進むにつれ、悲惨な渇水状況が明らかになってきた。スイスは昔から水源が豊富な故、国全体の水の需給や水質を把握するシステムがなく、また他国が有する渇水の早期検出・警報システムを備えていないために、目視主体での調査が始まった。

2022年8月には、同国のルガーノ湖、ルツェルン湖、コンスタンツ湖、ヴァーレン湖で史上最低の水位を記録し、フランスとの国境にあるブルネ湖など、完全に干上がったところもあった。さらにコルドレリオ気象観測所（スイス最南端）では昨年、40日間の渇水を記録している。

スイス渇水の影響は、欧州全体の経済活動に大きな影響を与えている。欧州委員会は、昨年8月の観測報告書で「欧州のほぼすべての河川で、水位が下がるなど、過去500年で最悪の渇水状況が続き、欧州大陸の47％が干ばつの影響を受け、農作物収穫の減少、国際河川を利用した物資の舟運量の減少、火力・原子力発電所の稼働率低下（河川水を冷却水としている）、さらに山火事の頻発を引き起こしている」と記載。もちろん、これらの事象は世界的な地球温暖化が主因であるが、スイス渇水の影響も欧州経済に大きな影響を与えている。

1. 欧州の河川を潤す"スイスの水資源"

スイスの雪や氷河を含める水資源は、欧州の淡水源の約6％を有している。欧州の主要国際河川、例えばローヌ川、ライン川、ドナウ川、ポー川（イタリア）の源流

欧州主要4河川に流れるスイスの水の割合
（出所：Kai Reusser / swissinfo.ch、地名は筆者追記）

はすべてスイスである。これら国際河川を流れる「スイスの水」の割合は、年間降水量や、アルプスの積雪や氷河の融解水量により変動するが、スイス連邦環境省（BAFU）の調査によると年間平均流量割合は、ライン川が約45％、ローヌ川約20％、ポー川約10％、ドナウ川（支流イン川）が約1％とされている。

このまま、スイスの渇水の主要原因と目される「氷河の後退と積雪量の減少」が続けば、その影響は下流域各国におよぶ可能性が高くなっている。事実、フランスの水資源機構（AERMC）の公開研究報告によれば、ローヌ川の最低流量は、過去60年間で減少傾向が続き、レマン湖からローヌ川への流出域（スイスとフランスの国境付近）では7％、ローヌ川の河口デルタ地域・ボーケールでは約13％の流量減少が観測された。

国際河川流量の減少は、流域各国の農業生産、船舶の航行、生態系の変化、飲料水の確保に大きな影響を与えている。電力も無縁ではない。ローヌ川の水は、フランスの約20基の水力発電所や4基の原子力発電所の原子炉の冷却水に利用されており、流量の減少と河川水温の上昇により電力生産にも悪影響を与えている。

2. スイスの水政策

スイスの水資源賦存量は57km^3/年で、スイス人口（約850万人）の60年分の飲料水を賄える

水量である。その水源は降雨量と約1500本の氷河の融解水が主体で、山岳地形が自然の貯水池の役割も果たしている。500年振りの渇水の影響は、国内電力の約3分の2を水力発電で賄うスイスにとっても、水源の確保は死活問題である。スイスの水力発電の水源はアルプス山岳地帯の雨や雪氷の融解水であり、川の流れやダムを活用する発電方式が6割以上占めている。特にスイスでは暖房のために電力需要がピークを迎える冬季への水の貯えが重要である。2021年末に、連邦政府、州当局、電力会社、環境保護団体は、水力発電能力を強化するために、新たに15件の新規発電プロジェクトに合意し2基のダムを山岳地帯に建設する計画に着手した。

アルプス山脈最大のアレッチ氷河
(出所：Jo Simon on Flickr, CC BY 2.0)

発電量が増えることは、スイス国内だけではなく、イタリアのミラノ、フランスのリヨン、ドイツのミュンヘンといったアルプス近郊の大都市へも送電（輸出）、その恩恵を受けることになる。

3. 近隣諸国との水協定の見直しに着手

スイスから欧州の河川に流れ出る水量は、この先も減少すると予測されている。スイス連邦政府と欧州諸国は長い間、国境を越えた水資源や湖の管理に関する協定や条約により、協調体制を築いてきたが、気候変動の激化により水資源そのものが不足する事態になり、これらの協定や条約を見直し、変化に適応することが求められている。しかし水問題の解決は容易ではない。

1）スイスとイタリアの水協定改定は難航

1940年代から続く、マッジョーレ湖の水位を規定する協定を見直そうとしている。イタリアは、干ばつに苦しむ農家を救済するためにポー川やティチーノ川の水量を増やすようにスイスに要請した

が、スイス当局は、自国内の貯水量の不足を理由にイタリアの要請を退けた。地政学上の争いもある、マッジョーレ湖の表面積の8割はイタリア領土に属しているが、流域面積の分布はスイスとイタリアで半分ずつとなっており、夏季に大雨が降ると湖の水位が急激に上昇する傾向があり、水位および流量コントロールの難しい湖である。

2）スイスとフランスの水争い

フランスは欧州最大の農業生産国であり、農用地面積はEU全体の17％を占め、農業生産高はEU全体の20％を占めている（2020年時点）。まさに、「水無くして、フランス農業無し」である。

特に、フランスでは、灌漑用水の需要が高まる夏季に大量の水が必要である。マクロン大統領は、夏に向けた「水計画」を発表、冒頭に「水は我が国にとり戦略的な課題となった」と述べ、スイスへの協力を呼び掛けたが、スイスは自国の水源枯渇を理由に交渉は難航している。国内向けにフランスの「エコロジー移行省」は53の水対策を公表した。主要な対策は以下の通りである。農業国フランス

にとり「水資源の確保と節水は、国家の命題」と言えよう。

- 水の再生利用を2030年までに10％に高める
- 水道料金を使用量に応じ、段階的に設定し使用量の削減を図る
- 原発の水使用（仏全体の水使用量の12％を占める）を抑える設備投資
- 水道管の漏水対策に1億8千万€投資（平均漏水率約20％）
- 気候変動に応じた農業へ、点滴農業の促進など

さいごに

地球温暖化から水資源を守るためには、全地球的で包括的な政策が必要であるが、温暖化防止策は、長い時間と多額の費用がかかることは周知の事実である。水に限っての政策は、変化に応じた水資源管理政策と管理の改善（節水、再生利用の促進など）、農業の水使用効率の向上、水インフラへの投資、水資源に関するデータ収集と監視体制の強化、水資源に対する企業、市民、ステークホルダーへの教育と意識の向上が、早急に求められる時代に突入してきている。

アラバマ大学・USGS水研究センター視察
～正確な水情報は、国家の命運なり～

アラバマ大学で行われている水に関する研究は、「国家の安全保障」と位置付けられている。なぜならアメリカ合衆国は世界有数の農業大国であり、トウモロコシ、大豆は世界第一位の生産量を誇っている。もちろん農業は米国GDPに対し1兆ドル（邦貨換算124兆円、2017年）を超す貢献をしている。つまり「水なくして、農業なし」、「正確な水情報は国家の命運を左右する」と言えよう。

このような背景から連邦政府は戦略的な大型投資を行い、水関連研究施設の拡大に邁進している。その基本方針は、米国のみならず、世界各国の水に関する情報を収集し、世界の水管理のリーダーシップを目指している。このアラバマ大学には、すでにアラバマ水研究所および国立水研究センターが設置されており、来年度からアラバマ大学水研究センターを核に、国防総省、米国海洋大気庁（NOAA）、米国地質調査所（USGS）などで共同使用するスーパーコンピューターによるデータセンターの建設や最新鋭の水に関する研究機器が導入設置される予定である。

今回、完成前だが「アラバマ大学/USGS水研究施設」を、特別の配慮で視察することが出来たので、その概要を紹介する。

1．アラバマ大学・水研究の歴史

アラバマ大学（UA：University Alabama）は2017年にアラバマ水研究所（AWI：Alabama Water Institute）を設立し積極的に水研究を行っている。さらに、UAとAWIは、米国海洋大気庁（：NOAA）および米国地質調査所（USGS）およびキャンパス内の連邦政府パートナーと協力して、画期的な水関連研究体制の構築と最先端の水技術製品の開発を進めている。

具体的にはAWIは、次の3研究機関を監督している。

アラバマ大学/USGS水研究センター

1) AWI研究機関

　NOAAとアラバマ大学のパートナーシップである水理共同研究所は、水予測（水系に流入する河川流量、洪水や干ばつなどの極端な現象、水質の予測）を推進し、水関連の課題解決に取り組んでいる全国的なコンソーシアムである。

　所属する研究者は、学術機関と民間機関の28の異なる機関からノミネートされ、水文プロセス、運用上の水文予測技術とワークフロー、コミュニティ水モデリング、予測の実用的な製品への変換、さらに意思決定における水予測の使用に関する理解の向上に取り組んでいる。

　AWIの予算は、この10年間で、最大3億6,000万ドル（約540億円）で構成されており、UA史上最大の予算規模である。

2) グローバル・ウォーター・セキュリティ・センター

　グローバル・ウォーター・セキュリティ・センター（GWSC）は、水と環境の安全保障に関する米国のニーズに応えるために委託された応用研究・運用センターである。GWSCは、国内外の機関、多国籍

企業（MNC）、非政府組織（NGO）、および外交、輸送、サプライチェーン管理などのセクターへの水質と水量の影響に世界的な関心を持つ、その他の機関に情報提供している。

3）附属研究所

アラバマ水研究所は、社会が直面している水に関する課題のさまざまな側面に積極的に取り組み、キャンパス全体の研究者と協力している。

3－1）淡水研究センター

淡水研究センターは、UAの教員の関心と淡水研究のさまざまな分野の専門知識を組み合わせ、学際的な研究と教育を促進している。現在、4つのカレッジ内のユニットから43人の教員がセンター運営に関与し、生物地球化学、生物多様性、保全、生態学、地球化学、地理学、地質学、水文学、水政策/法律、水資源管理の専門知識を提供している。

3－2）水質研究センター

水質研究センターは、水と環境に焦点を当てた学際的な研究開発

活動のための全国的な統合リソースとして機能している。このセンターは、環境と水資源の情報を収集し、革新的な適用を追求している。①環境および水資源管理の意思決定支援、②環境中の汚染物質の消長、③世界の水、衛生における水文および周波数モデリング、④雨水と新たな汚染物質、⑤水と廃水処理などが最近の課題である。

3－3）複雑流体システム研究センター

研究センターでは、気候・水・人間の相互作用を複雑なシステムとしてモデル化し、持続可能な管理を実現することで、水文科学の理解を深めるための共同研究を行っている。

3－4）堆積流域研究センター

堆積流域研究センターは、地質学者、地球物理学者、エンジニア、水文学者、古生物学者、生物学者、コンピューター科学者、その他の関連分野の科学者や実務家など、さまざまな科学分野の作業を統合し、学際的な視点から堆積流域のあらゆる側面を調査している。研究者は、政府機関、学術機関、産

業界と協力して、エネルギーと水資源、環境問題、地質災害の分野で社会的ニーズに対応するプロジェクトに取り組んでいる。

3-5) リモートセンシングセンター

リモートセンシングセンターでは、無線周波数とマイクロ波工学、レーダーシステム、レーダーリモートセンシング、マイクロ波放射計を利用して、極地の氷床、海氷、海洋、大気、陸地を研究している。このセンターには、キャンパス内の複数の分野の学生や研究者が参加し、リモートセンシング技術を搭載した無人航空機(ドローン)を使用して、米国本土の地表水と積雪深に関するデータを収集している。

2. アラバマ大学・USGS水研究施設(新設)

アラバマ大学タスカルーサ校に新しく建設された共同の水文計測施設(HIF: Hydrologic Instrumentation Facility) は、水に依存する重要な事項、例えば表流水、地下水の

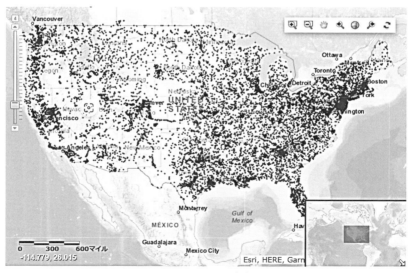

USGSモニタリングポスト
(水量、水位・観測約1万2千箇所)

50

水量／水位、その水質を調査するとともに、水資源特性を監視する水文機器（モニタリング装置）の取り扱いトレーニングや修理、較正をサポートする。USGSは全米に約1万2千箇所のストリームゲージ（水量、水位計測）を設置済みである。研究室の設置予算は3,850万ドルである。

1）水文計測施設

92,000平方フィートの2階建ての施設には、水力学実験室、水質実験室、現場試験施設、環境室、センサー校正スペース、倉庫、トレーニングラボ、ネットワークオペレーションセンター、管理オフィスが含まれている。水力学実験室のユニークな特徴には、河川や小川のプロセスをシミュレートするための傾斜水路と造波試験装置、および現場の計測機器を較正するための全国的な水流速度標準を提供する350フィートの長さの牽引タンクと台車が接されている。建設は2022年3月に始まり、HIFは2024年秋に完成する予定である。

造波試験装置

2）超高性能コンピューターシステムによる水データセンター新設

　アラバマ大学は前述のように、アラバマ水研究所、国立水センターを有しており、今回連邦政府の戦略的な投資で「アラバマ大学で行われている水に関する研究は、国家の安全保障」と位置付けられ、米国内のみならず、全世界の水に関する情報を収集する戦略であり、この施設には国防総省、米国海洋大気庁（NOAA）、米国地質調査所とで共同で実施するスーパーコンピューターによる水データセンターの設置や最新鋭の研究機器が設置される予定である。（米国商務省から既に4,450万ドルを受領している）

あとがき

　アラバマ大学の水研究センターは、世界最高クラスの研究機関として機能し、地域社会、全米51州、そして世界の人々が安全な水にアクセスできる情報提供システムの構築を目指している。

　「正確な水情報なくして、国家なし」米国の国を挙げての水政策の一端に感銘した視察であった。

　日本においても、2024年４月から水関連行政は国土交通省が主導する形になっているが、未だに縦割り行政の弊害が残っている残念な国である。これからは心機一転「水資源は国家なり」の目標を掲げ、次世代に繋げる政策を期待している。

第二部

日本の動き

菅新政権に期待する、持続可能な総合治水対策

下水道情報（令和2年10月6日発行）

世界中で異常気象による自然災害が頻発している。水に関して言えば干ばつと洪水被害である。日本も無縁ではない、令和元年の台風19号では大河川71水系で142ヵ所が破堤（堤防が決壊）している。その対策として国土交通省は「流域治水」をスローガンにダムを含む上流、中流、下流ごとに洪水対策や都市部での浸水対策を打ち出している。ダムは洪水対策の目玉であるが、最近、大洪水被害をもたらす線状降水帯（同じ場所に停滞し大雨を降らす）はダムの下流側でも頻発している。これからは省庁を超えた総合的な流域治水が急務である。

各省庁は人口増と経済の発展に比例し、その予算や権限を自己増殖させ、安全な国土造りを推進してきた。しかし人口減少、公共予算の縮減に直面し、国全体での「新しき国の在り方」が求められている。菅新政権には、省庁の縦割りの弊害を排した、持続可能な総合流域治水を期待したい。

1. 川が造った日本列島

日本列島の脊梁山脈を削り平地などを造ってきたのが川である。川と言えば国が定めた一級河川や二級河川、準用河川（市町村が管轄）が知られているが、毛細血管のような普通河川を含め、日本には3万5千本を超える河川が存在し、その川は、日夜たゆまなく日本列島を削り様々な地形を造っている。

2. 国民資産・財産の75%は洪水氾濫区域に存在

平野の中でも河川水位より低い地盤の所は「洪水氾濫区域」に指定されている。問題は、その「洪水氾濫区域」は国土面積の約1割しかないのに、国民の半数が居住し、資産・財産の75%が集中していることである。また、平成7年からの20年間で浸水想定区域内の世帯は300万増えて1530万世帯に

なった。では「人口が減少しているのに、なぜ世帯数が増えるのか」、その理由は核家族世帯が増えたことにある。旧市街地では地価が高く、大規模開発が難しいが、浸水想定区域は平地で比較的地価が安く、手ごろな値段で住宅を購入することができた。半面、これらの土地は自然災害のリスクが高く、いったん洪水災害にあうと、その復旧に多額のコストと時間がかかるのである。氾濫地域に存在する上下水道施設や民間工場もしかりである。いまや洪水対策はすべての国民に対する安全保障である。

3. 国民の命を守る上下水道インフラも危ない

　全国の主要浄水場（3521ヵ所）の37％に自家発電設備がなく、578ヵ所（全体の22％）の浄水場は浸水想定区域に存在し、その7割は防水扉や電気設備への耐水対策がとられていない（平成30年厚生労働省調べ）。

　最近の事例では、雨台風と言われた台風19号（令和元年10月）では、福島、茨城など3県6市町の浄水場10ヵ所が浸水し、最大16万

3243戸が断水被害を受けた。

　また内水氾濫を防ぐ役目を果たす下水処理場も危ない。全国の下水処理場（約2200ヵ所）のうち約5割、下水や雨水を送るポンプ場の約7割は浸水想定区域に建設されている。国土交通省の指針では、早急に浸水対策を進めるようになっているが、浸水想定区域に立地している施設のうち、耐水化や浸入水を排除する「揚水機能が確保」されている施設は、処理場が40％、ポンプ場は45％にとどまっている（令和元年国土交通省調べ）。

4. 既存ダムの洪水調節機能の強化……縦割り行政の弊害打破

　現在、全国で稼働しているダムは1460ヵ所で、約180億m^{3}の有効貯水容量を有しているが、洪水調節のための貯水能力は、約3割（54億m^3）にとどまっている。なぜ、3割しか活用されてこなかったのか。菅官房長官（当時）は今年8月に利根川水系の須田貝ダムを視察し、その後の会見で「全国には国土交通省所管の570の洪水を防ぐための多目的ダムがあるが、経済産業省（発電用ダム）や農林水

平成25年11月28日、総理官邸で菅官房長官(右)と面談し、「水の安全保障」について説明

左から筆者、中川郁子衆議院議員(当時)、菅義偉官房長官(同)、竹村公太郎日本水フォーラム事務局長

産省(農業用)の900のダムはこれまで洪水対策に使われていなかった。昨年の台風19号をきっかけとして、縦割り行政の弊害を排除して、こうしたダムの水量を洪水対策に活用できるように見直しを行った。現在、全国の約100の国が管理する一級水系について調整を終えた。〈中略〉今後は全国で約350の都道府県の管理の二級水系にあるダムについても同様の見直しを進める」と述べている。

筆者は平成25年11月28日、「水の安全保障」について総理官邸で菅官房長官と面談した。「水問題解決は国の根幹である」と主張し、省庁の縦割り弊害の打破を目指した故中川昭一元財務・金融担当大臣の意思を受け継いだ、中川郁子衆議院議員(当時)に同行したものである。多忙にも関わらず菅長官は説明資料に深く目を通し「国として水行政の姿はどうあるべきか!」と、鋭い質問を受けたことを鮮明に記憶している。

5. 財務大臣より"水大臣"をやりたい……故中川昭一元財務・金融担当大臣

筆者の触れ合った国会議員の中で、最も水問題に傾注したのは、中川昭一議員である。「水は生命の源であり、その水が地球規模で危機に直面している。政治家として看過できない」とし具体的な行動として特命委員会「水の安全保障研究会」を設置(平成19年12月)。研究会は特別顧問:森喜朗元総理、会長:中川昭一、事務局長:竹下亘、幹事役:井上信治(現・内閣

府特命担当大臣)、岸信夫(現・防衛大臣)、岡本芳郎、菅原一秀、福井照、盛山正仁、山内康一の各議員という布陣で50回以上の会合を開催。研究会には関係省庁や民間企業、専門家、NGO/NPO団体などが幅広く呼ばれ、成果は水の安全保障研究会最終報告書(669頁)にまとめられた。

中川議員が財務・金融担当大臣に就任した際、挨拶に伺ったときに「私は財務大臣より水大臣をやりたい」、この言葉に、水問題に対する執念と執着心を感じた。

しかし中川議員が目標としていた「縦割りの弊害を打破し、水資源省や水資源庁の設置」まで踏み込めず、道半ばにてご逝去(享年56歳)された。ぜひ新政権には、水問題担当大臣を要望したい。

さいごに……持続可能な総合流域治水政策に期待

水に関する法律は約30本以上あり、水道は厚労省、河川と下水道は国交省、工業用水は経産省、し尿とごみ処理、環境規制は環境省、農業用水と農村集落排水事業は農水省と多岐に亘っている。(2024年4月からは水道と下水道は国土交通省の所管となっている)人口減少化における水行政の在り方は、省庁の壁を超える横断的な対策が急務である。その一つとして総合的な流域治水は極めて重要であり、菅新政権には食糧の安全保障、地方創生(雇用と新産業創出)、環境保全などを含む「省庁の縦割りを排除し、国民の命を守る総合流域治水政策」に期待したい。

前列右:筆者、前列中央:故中川昭一元財務・金融担当大臣。平成20年9月30日、財務大臣室で

中川議員(右)と筆者

地球温暖化対策として水力発電の役割

下水道情報（令和2年11月3日発行）

菅首相は10月26日の国会での所信表明演説で「温室効果ガスの排出量実質ゼロ（2050年）」を打ち出した。欧州連合（EU）は既に実質ゼロの目標を掲げている。やっと日本も「脱炭素社会の仲間入り」に足並みを揃えてきたと言えよう。温暖化対策に関する国際的な枠組み「パリ協定」は、世界の気温上昇を産業革命前から「2℃を下回り、1.5℃に抑える目標」を掲げている。日本政府は昨年6月に、この達成に向けた取り組みを閣議決定したが、具体的な時期を示していなかった。今回初めて2050年目標を宣言したことは、世界から評価を受けている。では具体的な温暖化対策の目玉と言われているCO_2をどのくらい削減ができるのか。これからの努力目標であるが、まずはクリーンエネルギーと言われる水力発電を見てみよう。

1. 水力発電はクリーンエネルギーの代表格

日本列島に降り注いだ雨や雪は、川を下り海に注ぎ、海水は日光に温められ蒸発し雲になる。雲は再び列島に雨や雪を降らせ、水は永遠に無くなることのない、繰り返し使える再生可能エネルギーの代表格である。言い換えれば水力発電は資源小国の日本の貴重な純国産自然エネルギーである。他の発電方式と比べ設備費は高いがライフサイクルCO_2発生量は最小（10.9g-CO_2/kWh）である。その特徴は燃料費がゼロで、しかも設備稼働率は平均60％で太陽光12％、風力20～30％と比較し抜群の高さである。

水力発電は承知のように、他の電源と比べ①非常に短時間で発電開始（3～5分）が可能であり、②電力需要の変化に素早く対応（出力調整）が可能であり、それ故、発電ダムは、「最高の天然バッテリー」とも言われている。

しかし、今から大きなダムは建設ができない。注目されているのは小水力発電である。

2. 小水力発電用水

持続可能なエネルギー源として小水力発電（出力３万kW未満）が注目されている。環境省の可能性調査では全国で既に２万６千ヵ所

g-CO₂/kWh

各種発電技術のライフサイクルCO₂排出量（電力中央研究所「日本における発電技術のライフサイクルCO₂排出量総合評価」より作成）

以上が特定されているが、設置が進んでいない。設置を増やせない大きな理由は、小水力発電設備のコストや技術的な問題もあるが、最大の課題は、①複雑怪奇な水利権問題や②買電に消極的な電力会社の意識改革、③それらを打破する法律改正や規制改革の遅れである。

規模に関わらず水力発電を行う際は、原則として河川法による「水利使用許可」を得なければならない。過去の小水力発電許可は、事前協議を含め、最低１年から２年の期間が必要であった。さらにどんな小規模の水力発電であっても大規模なダムと同様な手続きが原則である。2005年以降に許可手続き等は緩和されたものの、水利許

各発電方法の特徴（関西電力ホームページより作成）
燃料費ゼロ、発電時にCO₂を排出しない水力発電は2030年の発電主役に

可書には、秒あたりの取水量の最大値が厳格に定められ、事業者は、この最大値を超えて取水してはならないとされている。自然相手の水量を秒単位で制御するのは不可能なので95％くらいに抑えて取水することが、一般的である。しかしながら環境調査、既存の水利権者と調整など、多数の事項が先送りされ、依然として発展途上の段階である。既に水利権を有する、下水処理場や浄水場を持つ自治体は、積極的に取り組むべきである。例えば千葉県水道局などは、浄水場と給水場との落差を利用し「マイクロ水力発電」を実施している。

3. 水利権問題

水は国民の共有財産であり、その水利用は水利権により保護されている。

日本においては、農業用水は水需要全体の約66％を占めており、その水源には江戸時代から続く①慣行水利権がある。これは「水の事実上の支配により社会的に承認された権利」で、さらに「旧河川法（明治5年）以前に承認された権利」も含む。主に農業用灌漑用水であるが、飲料水使用も慣行水利権で守られている。一方、②許可水利権は「河川法（昭和39年）第23条において、国土交通省令で定めるところにより、河川管理者から許可された権利」である。

水利権の課題は、慣行水利権の権利内容が許可水利権に比べ、必ずしも明確でなく、長年、慣行水利権の法定化（数値で規定された許可水利権）への移行に取り組んでいるが、利害関係者の対立で、遅々として進んでいないことである。例えば首都圏最大の水源である利根川・荒川水系の水利使用件数では、慣行農業用水が最も多く約47％を占め、許可農業用水は約44％である（平成29年3月、国交省調べ）。

農業用水は「かんがい」を水利目的としており、期別に最大取水量が定められている。最大取水量とは、取水の限度量であり、不必要な水量を取水したり、他の目的に使用したりすることはできないと規定されている。つまり一度水利権を得れば、既得権になり、流域全体の効果的な水分配ができない。また日本には、海外と異なり水利権売買の仕組みは無い。

水資源の活用は国民生活に密接に関与しており、水施設の建設・

維持管理は、その所管官庁にて行われている。各省庁独自、または都道府県を通じて、自らの水の利用状況を把握しているが、その生きたデータは他の省庁に提供しておらず、水情報の共有化は十分に図られているとは言えない状況である。水利権アイテムも悪しき前例主義を打破する行政や規制改革のターゲットとし、また水資源データの共有等はデジタル庁新設時の課題に取り上げるべきであろう。

千葉県水道局 マイクロ水力発電の例
(千葉県水道局ホームページより引用、作成)

さいごに

日本は化石燃料費（石油、石炭、天然ガス）として年間約25兆円（2014年度、資源エネルギー庁調べ）を海外に支払っている。これは毎年外に出ていくお金であり、いつまでも払い続けることはできない。

日本の電気エネルギーの現状を考慮すれば、毎年外へ出ていくお金を再生可能エネルギーの開発に投資すべきで、その代表格として、小水力発電に対する投資とその規制改革を早急に進めるべきであろう。前述のように国内には小水力発電の候補地は、いたるところにある。元国土交通省河川局長の竹村公太郎氏の著書「水力発電が日本を救う」（東洋経済新報社）では、①今あるダムのかさ上げで年間2兆円の電力を増やせる、②巨大ダムを造る時代ではない、既存ダムの活用と小水力発電開発を促進せよ、③水源地帯の自治体と民間企業が手を組み、水力発電で地方にお金と雇用を生み出せ、と主張している。まさにCO_2削減と地方創生（新産業育成と地元に雇用を造る）への提言であり、国を挙げて取り組む課題である。

⑭

みやぎ方式のゆくえ
～9水事業を20年間、民間に運営権を売却～

下水道情報（令和3年6月1日発行）

「みやぎ方式」とは「宮城県が所有する上下水道と工業用水の運営権を一括して20年間、民間に売却」する全国で初めての取り組みである。その規模も過去最大で、水道給水人口は約189万人、下水道処理対象人口は約73万人である。

では、なぜ宮城県は「みやぎ方式」に踏み切ったのか？

水道事業は利用者が支払う水道料金収入で賄われる。しかし人口減少や節水機器の普及で収益が毎年目減りしている。また施設の老朽化も加速し、更新財源の不足にも陥り、このままでは、大幅な水道料金の値上げが避けられない状況に直面する。そこで県が着目したのは、政府が進めている「民間活力の導入」である。現在でも県の上下水道や工業用水の運転管理は民間に委託している。しかし、その積算基準は県当局が仕様や数量を定めた、いわゆる「仕様書発注」であり創意工夫の余地が少なく、大幅なコスト低減は望めない。

これに対し「みやぎ方式」は、"民間の創意工夫やスケールメリットを活かせる「性能発注」"により、上・下・工水の計9水事業に関する20年間の運営権を民間に売却し、将来の水道料金の値上げ幅を最小限に抑える施策案である。

昨年3月に運営権者の公募を開始、今年3月に応募した3グループの中から「運営を担う優先交渉権者」に「メタウォーターグループ」を選定した。メタ・グループは10社で構成され、世界最大の水メジャーである仏・ヴェオリア傘下のヴェオリア・ジェネッツも含まれている。

この全国初の「みやぎ方式のゆくえ」について、全国の水道事業体は、大きな関心を寄せている。

1.「みやぎ方式」県の方針

昨年3月に公表された公募内容では、①水道用水供給事業2事業（水道水の卸売り事業で25市町村へ給水）、②工業用水事業3事業（68社へ用水供給）、③流域下水道

事業4事業(21市町村の下水処理)の計9事業を対象事業とし、事業期間を20年間としている。

1）県の設定した事業費削減目標

上記の9事業を県単独（現行体制モデル）で20年間実施した場合の総事業費は3314億円であるが、今回の民間委託（PFI・コンセッション方式）で実施した場合は3067億円と試算され、削減額は約247億円を目標とする。

2）入札参加要件(第一次審査基準)

①代表企業の資本金は50億円以上
②運転管理実績を有する企業
- 上水道事業：処理能力日量2.5万m³以上の浄水場施設で連続して3年以上の運転管理実績
- 下水道事業：処理能力日量10万m³以上の下水処理施設で連続して3年以上の運転管理実績
③外国為替および外国貿易法第26条に該当しない企業
- 外国に主たる事務所を有する団体ではないこと、つまり国内法人であること。

3）運営権者の収受額の改定

①概ね5年に一度（県が行う定期料金改定に併せる）改定を行う。
②需要変動・物価変動・法令変更等、事業環境の変化を反映させる。
③料金等の改定は県が行う。

4）事業経営モニタリングとペナルティ

①3段階のモニタリング体制（運営権者、県、第三者機関の委員会）とする。
②運営権者の責めに帰す未達レベルに応じ、違約金（ペナルティ）を課す。

5）今後の予定

6月の県議会で可決されれば、厚生労働大臣の認可を経て、2022年4月に事業を開始する計画である。

6）リスク管理……県が全責任を負う

「みやぎ方式」提案当初から不安視されているのは、①勝手に値上げされる、②水質管理の保証、③サービスの低下、④災害時の対応、⑤経営破綻の可能性、⑥運営権が外資に売り渡される可能性あり、などである。

これらリスクに対し県は、「運営は民間に委託するが、県が最終的な全責任を負う仕組みであり心配ない」と言明している。

2. 優先交渉権者の選定結果

　宮城県は「民間資金等の活用による公共施設等の整備等の促進に関する法律」（PFI法）に基づき応募者から優先交渉権者を選定し公表した（21年3月15日）。

1）優先交渉権者および次点交渉権者
　優先交渉権者は「メタウォーターグループ（代表企業：メタウォーター）」とし、同者の提案を踏まえた「20年間における予定事業費総額」は約2977億円で、県の予定事業費総額（3314億円）より約337億円の縮減が期待できる。
　次点交渉権者は「みやぎアクアイノベーション（代表企業：前田建設工業）」とした。JFEグループは選定基準未達で失格となった。

3. 「みやぎ方式」について県民から不安の声

　県側の説明会（令和3年度、事業説明会資料）で提示された県民の不安の声は多岐にわたっている。①料金の決定方法、②地元企業の仕事が無くなる不安、③海外では水道・再公営化（民から官へ）が主流と聞いたが、逆行ではないか、④実施契約書の改定、県民にとって不利な内容になっていないか（知的財産権対象技術）、⑤事故や災害時の対応が不安、⑥県職員の技術力はどう維持していくのか、⑦採算が合わなくなった場合、会社は撤退しないのか、などである。

4. 過去のPFI事業から学ぶ

1）内閣府報告「期間満了PFI事業検証ヒアリング結果」（令和元年11月）
　内閣府は、PFI法施行初期に実施し、満了期間を迎えた11事業（実施期間10〜18年間）の検証結果を公表している。

- 事後評価の実施方法および、その予算措置が確立されていない。
- サービス水準の向上は期待通り、または期待以上の効果が得られた。
- しかし収益性は想定の範囲内が多数を占めた。
- 次期事業に向けた検討では、①次期修繕リスクの官民分担が極めて難しい、②次期事業応募者数が少ない、などが留意点とされた。②に関して5事業の抽出結果を見ると、1期応募者の平均が4グループであるのに対して、次期応募者の平均は1.4グループであり、1期事業者とそれ以外の事業

者ではノウハウの蓄積に差があり、競争に勝てる可能性が低いことが挙げられている（寡占化問題）。

さいごに

長年、国内外の水ビジネスの動向を俯瞰してきた筆者の意見は、次の通りである。

①公共財としての水道事業が公営・民営を問わず、その経営が歪められることがあってはならない。

②水道事業体の8割を占める中小規模の事業体経営は、技術・組織・人材・財務等において、健全な経営とは言えない状況である。

③広域化による規模の拡大は避けられない。しかし自治体の広域化だけでは解決しない課題も多い。

④広域化において官民連携は救世主の一つだが、課題山積、これからが勝負で、一歩一歩解決する努力が必要である。「みやぎ方式」の基本協定書案では、民間に大きな期待と厳しい管理要綱が求められているが、一番の問題は、発注者側に従来の執行方法をはるかに超えた高度な知識と判断能力を持つ人材が欠如していることである。プロジェクトマネージメント専門家による支援体制を整えるべきであろう。

全国初で最大規模の「みやぎ方式」が日本水道の将来を示唆する試金石になることを期待したい。

宮城県上工下水一体官民連携運営事業（みやぎ型管理運営方式）選定結果

メタウォーターグループ（優先交渉権者）

構成員	出資比率
メタウォーター	34.5%
メタウォーターサービス	0.5%
ヴェオリア・ジェネッツ	34.0%
オリックス	15.0%
日立製作所	8％
日水コン	3％
橋本店	2％
復建技術コンサルタント	1％
産電工業	1％
東急建設	1％

みやぎアクアイノベーション（次点交渉権者）

構成員	出資比率
前田建設工業	39.5%
スエズウォーターサービス	34.5%
月島機械	4％
東芝インフラシステムズ	5％
日本管財環境サービス	5％
日本工営	5％
東日本電信電話	5％
東急	1％
月島テクノメンテサービス	1％

- 20年間の運営権者収受額：約1563億円（税別）
- 出資比率は特別目的会社（SPC）設立の際の出資比率を示す
- 選定基準未達により失格扱い：JFEエンジニアリンググループ（構成員：JFEエンジニアリング、東北電力、三菱商事、明電舎、水ingAM、ウォーターエージェンシー、NJS、日本政策投資銀行）

15

～水清く、し過ぎて魚棲まず～
SDGsを目指す、瀬戸内法の改正

下水道情報（令和3年7月13日発行）

　昭和48（1973）年、瀬戸内海の水質汚染に対処するために「瀬戸内海環境保全特別措置法」(以後、瀬戸内法と記す）が施行された。法律制定の背景は、戦後の急激な人口増加と工業・産業の発展により生じた未処理の汚水が、瀬戸内海の分水嶺内（国土の約16％、6万km²）の665本を超える河川を通じ、瀬戸内海に流れ込んだことだ。いわば最終沈殿池・汚水溜めとして瀬戸内海が汚染された。

　この時に制定された瀬戸内法は、富栄養化による赤潮発生や海水の貧溶存酸素状態による汚染地区の急拡大を防止する目的であり、具体的には下水処理場や民間企業から排出される工場排水の水質などを業種ごとに厳しく規制する海洋汚染防止法であった。

　この法律により瀬戸内海の汚染、例えば過剰な栄養塩類（窒素やリン）による赤潮被害が劇的に改善された。しかし近年、半世紀にわたり、その法律を厳格に守り、下水処理場などで処理水質をキレイにし過ぎたために、逆に大きな環境問題が起こってきた。

　それは、窒素やリンを大幅に除去したために、海洋生物の生育に必要な栄養塩類が不足し、特に魚のエサとなる植物性プランクトンや動物性プランクトン、さらに藻場などが激減、その結果、魚種や漁獲高の減少だけではなく、養殖のアサリやカキの生育不足、海苔の色落ちなどの被害が頻発する事態に突入している。真面目な日本人、海をキレイにし過ぎて、魚がいなくなった。まさに"過ぎたるは及ばざるが如し"で、"水清ければ魚棲まず"である。

　そこで、国・環境省は瀬戸内法を一部改正し「瀬戸内沿岸の府県知事が排水基準を緩和して独自に水質を管理」できるように、今国会に一部改正案を上程し2021年6月3日の衆議院本会議で可決・成立した。

1. 水質汚染防止への取り組み

豊かな海を目指して多くの取り組みが行われてきた。

1) 1970〜1990年代
- 1970年　水質汚濁防止法制定
- 1973年　瀬戸内海環境保全臨時措置法制定（時限法）
- 1978年　瀬戸内海環境保全特別措置法制定（恒久法）

栄養塩類（窒素、リンなど）およびCOD負荷量の削減と普及活動を主とする。

2) 2000〜2010年代
流れ込む栄養塩類の減少による食物連鎖を支える植物プランクトンの減少が顕著に、その結果、痩せた魚が多くなり、魚種の減少や養殖海苔の色落ち、養殖カキやアサリの生育不足が顕在化し、瀬戸内海は貧栄養化状態に突入した。

3) 2010年代以降の取り組み
沿岸自治体は貧栄養化の現状を踏まえ、豊かな海を創出に向けて、141万人の署名を集め国に「改正案」を提出、2015年10月に法改正「豊かな瀬戸内海を目指す基本理念」が成立した。今回の一部改正案は基本理念を実行するための具体策を示したものである。

2. 瀬戸内海法の一部改正案（概要）

1) 改正の背景
瀬戸内海の水質は、一部の海域を除き全体として一定程度改善された。他方、気候変動による水温の上昇などの環境変化と相まって、一部の水域では、これまでの取り組みで削減されてきた窒素やリンといった栄養塩類不足によ

瀬戸内海　分水嶺と主な河川
（出所：環境省「閉鎖性海域ネット」）

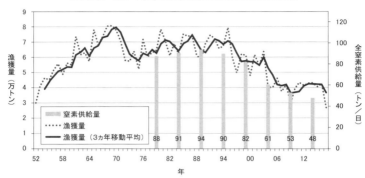

兵庫県・瀬戸内海の漁獲量と窒素供給量の推移

漁業・養殖業生産統計（農林水産省）より作成。窒素供給量は、昭和54年、59年（兵庫県）、平成元年以降は発生負荷量管理等調査（環境省）による値

(出所：第41回全国豊かな海づくり大会・兵庫県実行委員会事務局資料)

る藻の減少による魚介類の減少、さらに海苔の色落ちや、都市開発等による藻場や干潟面積の減少等が課題であり、近い将来、さらに深刻化する恐れがある。

また、海洋プラスチックごみを含む漂流ごみ等の問題は、海洋環境に悪影響を与える。つまり、今回の改正は「瀬戸内海における生物の多様性の向上および水産資源の持続的な利用の確保」を目的としている。

2）主な改正内容

瀬戸内海の生物多様性の向上・保全や水産資源の増殖など、持続可能な利用の確保を図り、地域の水産資源を活用した「里海づくり」を総合的に推進する。具体的には次の施策を行う。

(1) 栄養塩類の管理制度の創設

沿岸の府県知事は、特定の海域への栄養塩類の供給を、水質環境基準（上限値）の範囲内において、現地の状況に合わせ独自に下限値（窒素0.2mg/L、リン0.02mg/L）を策定することができる。具体策として業種ごとの水質の目標値策定、栄養塩類供給の実施方法、水質測定の方法等を策定すること。また栄養塩類が環境に及ぼす影響について定期的に調査・評価し、随時計画を見直すことで、自治体ごとに、きめ細かく瀬戸内海およ

び周辺環境の保全と調和を図ることができるようになった。

最終目標は、これらの施策により海洋生物の多様性を向上させ、その恩恵として将来にわたる多様な水産資源の確保に貢献することである。

（2）自然海浜保全地区の拡充

浜辺の保全地区の指定拡充、再生された藻場などの保全活動の促進、創出された藻場は温室効果ガスの吸収源としての役割に期待する（ブルーカーボン）。

（3）海洋プラスチック対策

プラスチックごみを含む漂流ごみの発生抑制や除去対策をとることなどが定められた。

さいごに

この法律は、2021年6月3日の衆議院本会議で可決・成立し、今後1年以内に施行される。この法改正は罰則規定の無い、いわゆる努力義務規定で、その実施者は国や瀬戸内海に接する地方自治体である。今回の法改正は海洋環境の変化を捉え、海洋生物の多様性を向上させる「豊かな海の創造」であり、国連が提唱するSDGs（持続可能な発展）の項目6「安全な水とトイレを」、項目11「住み続けられるまちづくりを」、項目13「気候変動に具体的な対策を」さらに項目14「海の豊かさを守ろう」「海の資源を守り、大切に使おう」を同時に実践する、日本の大きな歩みの一歩とも言えるだろう。このように瀬戸内海での大掛かりな海洋環境改善（700を超える島々と総延長7230kmの海岸線を含む）の実証試験は、現在海洋汚染対策に苦労している東南アジア諸国にとり、大きな教科書となり、日本の環境技術のグローバル・プレゼンスの向上に繋がるであろう。

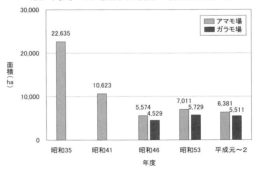

瀬戸内海・藻場面積の推移（響灘を除く）

昭和53年度（第2回自然環境保全基礎調査）の値は、平成元～2年度（第4回自然環境保全基礎調査）の面積に消滅面積を加算した値（出所：昭和35・昭和41・昭和46年度：水産庁南西海区水産研究所調査、平成元～2年度：第4回自然環境保全基礎調査（環境省））

16

渋沢栄一翁
～東京水道物語～

下水道情報（令和3年8月24日発行）

　明治から大正にかけて活躍し、「日本資本主義の父」と呼ばれた実業家、ご存知の渋沢栄一。その生涯で約500企業の創設と運営に関わり、約600の社会事業に携わった。彼が生涯をかけて追い求めたのが「道徳経済合一」の理念である。渋沢は私利私欲ではなく公益を追求する「道徳」と、利益を求める「経済」とが、あらゆる事業において両立しなければならないと考え、実業家としてキャリアを積む中で一貫して実践し続けたのだ。

　渋沢栄一の実業家時代の活躍は、既に多くの書物で語られている。例えば銀行の設立である。自ら設立した第一国立銀行をはじめ地方に設立された多くの国立銀行を指導し、現存する銀行のルーツは殆どが彼の足跡である。

　事業会社では、製紙会社（現：王子ホールディングス、日本製紙）の設立や石川島平野造船所（現：IHI、いすゞ自動車）に対する個人出資や銀行を通じた創業支援、社会インフラ関係では、東京ガス、東京電力、鉄道事業会社の設立や、その経営に関わった。

　渋沢の実践した数ある事業の中で、ほとんど知られていないのが社会インフラである「水道事業」への関わりである。

1. 東京水道も渋沢栄一で加速

　明治半ばでも、江戸時代からの上水施設や井戸に頼っていた東京市。人口の増加に備える為に、明治7年近代水道（圧力を持つ殺菌された水供給）の計画が持ち上がったが、資金不足や議論百出で決まらなかった。業を煮やした渋沢栄一は「東京市の公衆衛生の為には何としても水道を完成させなければならぬ。市に自営の意思がなければ、私が私財を投じて会社を組織して水道事業をやる」と強い意志を示した。明治19年、東京ではコレラが蔓延し、市民1万人近くが命を落としたが、それでも東京市は動かなかった（『実験論

語処世談』※より)。渋沢はなぜ、これほどまでに公衆衛生に拘ったのか。明治15年7月に、先妻・千代をコレラで失っていたのだ。

1) 東京水道会社設立

明治20年、耐えかねた渋沢栄一は47歳の時に「東京水道会社」を設立し、英国人陸軍将校のヘンリー・スペンサー・パーマーに調査設計を依頼した。

しかし、そのパーマーは、その前に横浜市から近代水道の調査設計を依頼され、横浜水道は早々と着工(明治18年)し、明治20年、日本で最初の近代水道を通水したのであった。一方、渋沢に背を叩かれた「東京市区改正委員会」は、ついに重い腰を上げ明治21年10月に英国人技師ウィリアム・バルトンに設計を依頼し、計画策定に乗り出した。公益である水道インフラ整備を急ぐ渋沢は、明治21年12月、東京府知事あてに「水道会社設立」を出願、その提出書類は明日からでも事業開始が出来るほど、設計案、給水規則、収支予算など詳細にわたっていた。一方、改正委員会から依頼されていた対抗馬・バルトンは、急遽2ヵ月で設計案をまとめ、同じく明治21年12月に最初の設計図を委員会に提出した。

この両案に対し、改正委員会は判断できず、外国人技師である①ベルリン市の水道局長ギル氏、②ベルギーの水道会社技師長クロース氏に依頼したが、2人は、それぞれ独自の主張を展開し、さらに水道計画は混沌とした。

結局、明治23年バルトン氏が3人の主張の"いいところどり"をした。小石川と麻布の2ヵ所に半地下の給水所(貯水槽)を設置し、東京市内の標高6mラインを境界線として西側の高区には蒸気ポンプで直接配水、東側の低区には給水所から自然流下で配水することを提案。さらにドイツ留学から帰国した弱冠38歳の水道技術者・中島鋭治により、淀橋浄水場(現在、都庁など高層ビルが立ち並ぶ西新宿に位置)の新設や配管ルートの改良が加えられた。

渋沢栄一
(1840〜1931年)

2）渋沢の出願はどうなったか

　明治23年、水道条例公布で、「水道事業は市町村経営とする規定」により許可されず、渋沢は私費を投じて作成した多くの書類「東京水道報告書」を市に寄贈、その内容は東京市の近代水道建設に大きく貢献した。

2. 鉄管問題と渋沢栄一

　渋沢栄一は近代水道を、一刻も早く使えるようにするには、既に品質が保証されている外国産の水道鉄管（口径約1100mm）を使うべきと唱えていた。「国産に拘れば、いつ水道が完成するか判らない。鉄道でも、なんでも最初は外国製を使い、外国人を招聘し、技術を習得し、そののち漸次国産に切り替えるべき」と。これに対し

国産鉄管推進派は、「我々には大砲を作った優れた技術がある、外国製品なんか、とんでもない」と大反対。ついに明治25年の暮れ、刺客を雇って馬車に乗っていた渋沢を襲わせたが、幸いにも渋沢はかすり傷程度で済み事なきを得た。

　翌年、東京市は鉄管の見積もりを国内外の企業に要求したが、国内の鉄管会社が最安値ですべて受注した。しかし契約した製造業者の体制が整わず、大幅に鉄管の納入が遅れるという事態になった。やむを得ず、市会は外国製品も購入することを決議し、英国やベルギー、オランダ製の鉄管を購入することとなった。

　鉄管問題はさらに悪化し、国産品製造業者が東京市の検査で不合格となった多くの鉄管を合格品と偽っ

パーマー案とバルトン案の比較

項目	パーマー案（渋沢栄一）	バルトン案（改正委員会）
原水	玉川上水	玉川上水
送水方式	玉川用水を甲州街道沿いの浄水場に受け入れ、それから蒸気ポンプで3ヵ所（麻布、小石川、浅草）の給水塔へ送る。その後自然流下で各家庭に配水する。 • 利点：ポンプが止まっても短時間は断水しない。	同じ浄水場から、蒸気ポンプで各家庭に直接給水する。 • 欠点：ポンプが止まるとすべて断水する。
コスト比較	給水塔 （技術未完、高額な建設費）	給水塔方式に比べ安価

て納入する不正事件を引き起こすに至った。明治28年10月、この事件が明るみに出て、府知事の辞職、市会の解散など政治問題へと発展した。さらに明治27年8月には、日清戦争が勃発し、必要な資材や労働力の不足、諸物価の高騰に苦慮し、工事はさらに遅れることとなった。

しかし幾多の障害を克服し、明治31（1898）年12月に東京水道の主要施設が完成し、淀橋浄水場から本郷給水所を経て神田、日本橋方面に初めて近代水道が通水されることとなった。

さいごに

渋沢栄一は公益を図るためには水道の普及が最優先と捉え、一刻も早く水道管を布設させるために「技術の未熟な国産ではなく、外国製品の使用し、漸次国産品に切り替えよ」と反論を恐れず主張していた。明治36年頃から国産品のレベルが上がり、次第に切り替わり、今や世界に誇れる東京水道の基礎となったのであった。水道インフラ事業においても渋沢栄一の慧眼が光っていた。

「6．東京市水道との関係」（渋沢栄一『実験論語処世談』※より）

今の東京市水道は、明治二十二年から計画されて、同二十五年より工事に着手し、六ケ年の星霜を費し、経費九百三十余万円で、明治三十一年十一月漸く完成したものであるが、私と東京市水道とは浅からぬ関係あり、東京市の公衆衛生を保護するには、如何しても水道の設備を完成せねばならぬ事を思ひ。当時私は猶は東京市市参事会員でありもしたものだから、特に水道調査会を組織し、之が為め多少の私費をも投じて調査研究し、若し市に自営の意志が無ければ会社を組織して水道経営をやらうと云ふ意志が私にあつたほど故、鉄管問題の起つた際も、当時に於ける日本の工業状態では到底鉄管を内国で製造し得らるる見込無く、強ひて内国製を使用しようとすれば何時水道が完成するものやら判らず、その完成を急がうとならば、鉄道でも何んでも初めのうちは外国製の材料のみならず外国人の技師をさへ招聘し、これによつて啓発せられ、以て今日の発達を見るに至つたこと故、水道鉄管の如きも、まづ最初は外国製を用ひ、之によつて漸次本邦の斯の方面に関する知識を開発するやうにしたら可からうと私は主張したのである。

私が若し外国人よりコムミッションでも取る目的で斯んな意見を主張したものならば、確に私は売国奴であるに相違無いが、毫も爾んな事は無く、水道を一刻も早く完成させたいといふ無私の精神から之を主張したのだから、私としては些かたりとて疚しい処のあらう筈が無い。然し、若し愈々私の意見が通る事になれば、内国製を納入しようと目論んでゐたものは之が為儲からぬ事になる。その為、壮士を使嗾して私を嚇かしたものらしかつたのだ。

（出所：渋沢栄一『デジタル版「実験論語処世談」』／（公財）渋沢栄一記念財団）

※大正4（1915）年6月〜大正13（1924）年11月に雑誌『実業之世界』に連載され、ほぼ同時期に竜門社の機関誌『竜門雑誌』に転載された渋沢栄一の談話筆記

松尾芭蕉は水道屋、それとも幕府の隠密か

下水道情報（令和4年1月11日発行）

　俳聖と呼ばれた松尾芭蕉が故郷の伊賀上野（忍者の里）から江戸に出てきたのは、寛文12（1672）年、彼が29歳の時のこと。日本橋小田原町の名主、小澤卜尺の家に世話になり水道工事の業務をしながら俳句を作っていたが、水道業務の才能なしと悟り、深川芭蕉庵にこもった末に「奥の細道」の旅に出たというのが定説であった。だが、実は芭蕉は幕府の隠密であったという説も多く語られている。水道に係わる話なので、少し深堀りしてみたい。

1. 芭蕉は水道屋であった

　芭蕉はどのような立場で神田の水道工事の業務に就いていたのだろうか。諸説が流布している。
- 芭蕉は普請奉行で水道工事全体を指揮していた（武江年表）
- 芭蕉は水利の才能があり、水道工事の設計に当たっていた（桃青伝）
- 水道工事事業の官吏だった（梨一の芭蕉翁伝）
- 水道工事用に各地から集められた、単なる雇われ労務者（俳家奇人談）

　偉大な俳人芭蕉が、単なる雇われ労務者では可哀想だが、その当時の喜多村信節の随筆には「芭蕉が江戸に来て本船町の名主小澤太郎衛（卜尺）が許に居れり、日記などを書かせるが多く有りし」とある。つまり芭蕉には帳簿付けの才能があり、それが認められ小澤卜尺の許で神田上水の管理業務に従事していたことが推測されている。

　芭蕉が神田にいた頃は神田上水が完成してから既に50年以上経っており、大きな水道木管や暗渠などの布設の仕事はなく、小口の新規配管工事や木枠や竹でできた配水管（主に木樋）の修理仕事がメインであったと思われる。

　江戸の水道料金は、利用者から「水銀」（みずぎん）として、武家屋敷からは石高割で、町方からは

屋敷の間口に応じて徴収されていた。維持管理に係わる水道工事代金は武家屋敷と町人（地主）で負担するために、かかった人工や材料費を細かに記録することが必要であり、そこで芭蕉の帳簿付けの才能が活かされていた。

芭蕉が水道業務に係わった期間は、およそ4年だったらしい。「許六の風俗文選」によると「世に功を残さん為に、小石川の水道を修め4年になる。速に功を捨て、深川芭蕉庵に入り、出家す」とある。つまり水道業務で功を成し遂げることは叶わず、出家し俳句の道に入ったのであろう。このような芭蕉の水道に関する職務経歴を踏まえて、彼の作品を読むと興味深い。では、芭蕉の代表作を水音と水量から見てみよう。

・古池や 蛙 飛び込む 水の音
・初時雨 猿も小蓑を ほしげなり
・ほろほろと 山吹散るか 瀧の音
・暑き日を 海にいれたり 最上川
・五月雨を 集めて早し 最上川
（日本三大急流の一つの最上川は、降り続く五月雨を集め、まんまんと水をたたえ、凄い勢いで流れている）

水道人の芭蕉にとり、最高の水源と見ていたのであろうか。最後は次の一句である。

・荒海や 佐渡に横たう 天の川
（荒れ狂う日本海を臨み、天を仰ぎ見るとそこには光輝く天の川が佐渡の方まで伸びて横たわっている）

地上の荒海と、天空の天の川と対比させる雄大な構図をしめす俳句であろう。

このように芭蕉は、江戸時代を代表する俳人であった。

2. 芭蕉は幕府の隠密であった

芭蕉は忍者の里で知られる伊賀の国に生まれ、百地丹波（ももちたんば）の子孫で、忍者の血を受け継いでいる。伊賀の国で成長し、当時伊勢や伊賀を治めていた藤堂高虎の流れを汲む藤堂良忠に仕える。良忠は松永貞徳や北村季吟に俳句を学び、蝉吟（せんぎん）という俳号を持っていた。歳の近かった芭蕉と良忠は主従を超えた友情関係を育んで、お互いに切磋琢磨、やがて芭蕉も北村季吟に師事して俳句をたしなむようになった。

しかし寛文6（1666）年、良忠が若くして急逝。芭蕉は藤堂家を

出て江戸に向かった。江戸では当時流行っていた談林派、磐城平藩の藩主内藤義概らと交流した。経済的に困窮し延宝5（1677）年から4年間、神田上水の水道業務に従事したが夢叶わず。弟子の河合曽良を伴って「奥の細道」の旅に出発したのは元禄2（1689）年、45歳の時であった。

1）芭蕉の足腰の強さは忍者だから

　江戸時代の平均寿命は32〜44歳（寿命図鑑より）なので、脅威的な行動力の源泉は忍びの者として鍛えた肉体と精神力があったのであろう。奥の細道では、5ヵ月間で600里（約2400km）を踏破。日記から一日で40km歩行した記録もある。「年齢の割に健脚なのは、忍者だからに違いない」と芭蕉忍者説を後押しする声もある。だが

松尾芭蕉像（葛飾北斎画）

「奥の細道行脚之図」松尾芭蕉（左）と河合曾良（森川許六作）

反対派は「車も電車もない江戸時代の人々にとって、一日40km程度は何でもなかった」と主張する。

2）上級忍者は俳諧師や僧侶の姿で活動

普通の忍者は映画に出てくるように黒装束で屋根裏や床下に潜み、会話を聞き取ることが求められた。伊賀の忍術書には「俳諧や茶の湯で名をあげよ」という教えがあり、これが上級忍者である。各藩の殿様や旗本に直接面談ができ、大名屋敷内でトップから活きた情報収集が可能であった。

3）特別ミッション……伊達藩の動向を探れ

江戸幕府は有力な外様藩「伊達藩」の財政力をそぐために、日光東照宮の修繕を命じた。その修繕は、3年の月日と莫大な費用がかかることから、伊達藩は謀反を起こすのではないかと警戒していた。事実、伊達藩は修繕費用の調達で約500億円の借金を抱え、藩士の給料は3割削減され、一歩間違えれば、謀反が起きかねない緊迫した状態であった。その情報収集ミッションで芭蕉は伊達藩内に13泊と長期滞在している。松島のような名勝地ばかりではなく、伊達藩の経済を支える多くの金鉱山にも立ち寄っている。これまた隠密行動を裏付ける状況証拠でもある。さらに隣国、米沢藩の「紅花（べにばな）の製造技術と生産量」を探るために尾花沢の紅花問屋に10日近くも滞在している。これも不思議な動きであった。

4）旅の資金と手形はどうやって手に入れたのか

幕府の命を受けた隠密だからこそ、諸国を自由に動き回れたのである。資金は幕府から支給金と、行く先々で俳句を教え、地元の君主からの授業料（献金）で、賄っていたものらしい。

手形は、多くの関所をフリーパスできる江戸幕府発行の特別通行手形（滞在期間や訪問先の指定無し）を所持していた。関所の役目は、①江戸防衛の軍事的な機能、②治安警察的な機能、③大名家族（参勤交代）の江戸滞在義務履行の監視役などをあわせ持っていたとされている。商人や庶民には、滞在期間や目的地が明記された通行手形だが、芭蕉と曽良には、特

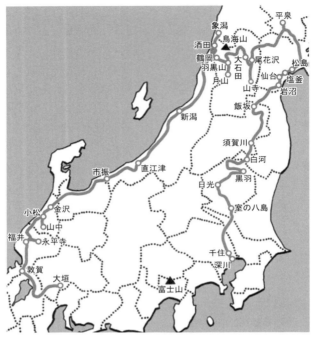

奥の細道ルート図

別通行手形が発行されていた。

さいごに

　松尾芭蕉は、なぜ旅に出たのか。様々な説があるが、江戸時代の人生は50年といわれており、たぶん芭蕉は、関西文化圏の伊賀上野から「みちのく」を未知のかなたの国と見ていた。万葉時代から「みちのくは歌枕の宝庫」であり、亡くなるまでに、自分の夢を叶えたいとの思いが旅に駆り出させたのではないだろうか。

　芭蕉はみちのく旅の後、大阪にて元禄7（1694）年、51歳でこの世を去った。有名な辞世の句「旅に病んで　夢は枯野を　かけめぐる」は、旅を愛してやまない松尾芭蕉の生涯が偲ばれる名句となった。

日本のミネラルウォーターの水源問題

下水道情報（令和4年6月14日発行）

　今や日常生活において広く普及している「ミネラルウォーター」、その手軽さによる水分補給はもちろんのこと、美容や健康さらには料理に使うなど、生産量は年々増加している。2021年度のミネラルウォーター国内生産量、販売金額は2年連続で過去最高を記録し、過去20年間で市場規模は約4倍に達している。しかし、その水源をめぐる様々な論議が引き起こされている。まずは現状を見てみよう。

1. ミネラルウォーターの国内生産量

　（一社）日本ミネラルウォーター協会の調査によると、2021年度のミネラルウォーター類の国内生産量は415万4338kL（同108.1％）、輸入量は28万7661kL（同84.8％）で国産品が2年連続で前年を上回る結果となり、合計444万1999kL（同106.2％）と過去最高量に達した。

　金額面では、国内生産品が3319億2500万円（同108.5％）、輸入品が136億9800万円（同80.5％）、合計で3456億2300万円（同107.0％）となり、市場規模はこの20年間で約4倍となった。22年度はコロナ禍による巣ごもり需要で、さらに市場拡大が期待されている。

　さらに同協会の「2021年度、都道府県別生産数量の推移」によると、全国生産量は415万4338kLで、山梨県がトップシェアで38.1％、続いて静岡県13.6％、鳥取県8.9％、熊本県5.3％などと報告されている。

1）地下水の飲料水化への課税の動き……山梨県

　景気後退による慢性的な税収の減少に悩む山梨県（自主財源48.9％）が目を付けたのが「ミネラルウォーター税(仮称)」である。2000年に山梨県の地方税制研究会が、全国で初めて法定外目的税※として「ミネラルウォーター税」の導入を検討すると発表。その後、設置された検討会では、税の導入が「望ましい」という意見と「課

ミネラルウォーター類　国内生産、輸入の推移

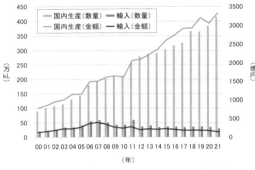

出所：一般社団法人日本ミネラルウォーター協会調べ

都道府県別ミネラルウォーター生産数量　ベスト5

県	生産数量 (kL)	割合/全国
山梨県	1,583,870	38.1%
静岡県	565,165	13.6%
鳥取県	368,039	8.9%
熊本県	219,641	5.3%
長野県/島根県	154,802	3.7%

出所：（一社）日本ミネラルウォーター協会統計資料（2022-04-13）より作成

税の公平性に問題あり」という反対の意見が拮抗し、2007年当時、横内正明知事が税の導入を事実上断念した。しかし2019年３月、県議会が可決した「地下水の利用への課税を検討すべき」との提言を受け再度、地方税制検討会が設置（2019年８月）された。

これまでの会合では、法定外の目的普通税の導入を軸に、①営利目的での地下水の採水への課税、②営利目的で採水した地下水を飲料として製品化し、県内外に移出する行為への課税――の２案について論議され、今のところ②案の「地下水を製品化し、貨幣価値に換算された時点での課税」に賛成する委員が多かったと報告されている（読売新聞オンライン／2022.3.29）。一方、県内のミネラルウォーター業者が課税分を商品に上乗せした場合、競争力を失い、静岡県や他の県の業者が有利になり、仮に課税分を商品に上乗せできなかった場合、県内業者の利益減により、県の税収が長期的にマイナスになる可能性も論じられた。（※法定外目的税：自治体が条例を制定し、総務大臣の同意を得て独自に徴収する税）

２）業界は大反発

当然のことながら業界の反発は強く、全国清涼飲料連合会と日本ミネラルウォーター協会は「私水への課税は法的根拠に欠ける、飲用目的の採取行為にのみ課税するのは公平性に欠ける」と導入に反

対する意見を表明している。

　事実、山梨県の平成25年「地下水涵養に関する指針」では、山梨県は生活用水の約50%、工業用水の約80%を地下水に依存し、地下水が県民生活や地域産業の共通の基盤であると明らかにしている。つまり地下水への課税は、全県民や地元産業（ワイン、ビール、酒製造業、加工食品業）が対象となる可能性を秘めている。地下水への公平な課税に向け、山梨県は難しい判断を迫られている。

2. 日本の水資源は大丈夫か

　国土交通省発行の「令和3年度日本の水資源の現況」によると、過去30年間の平均値で国土に降った年間降水量は世界平均の約2倍の6500億m^3/年。このうち、蒸発散で2300億m^{3}が失われ、国土に賦存する水資源総量は4200億m^{3}である。しかし約8割の水資源は川を下り海へ直行し、日本国民の水資源の年間使用総量は791億m^3（水資源賦存量の約19%）で、河川水が702億m^3、地下水が88億m^{3}である。最大需要先は農業用水で535億m^3（年間水使用量の67.5%）、工業用水は106億m^3（同13.5%）、我々の生活用水は150億m^3（同19%）である。

1）日本国民一人当たりの水資源量

　国連食糧農業機関（FAO）の公式データによると、国民一人当たりの世界平均水資源量は7300m^3/人・年である。これと比較すると、我が国は3400m^3/人・年と1/2以下であり、首都圏だけで見ると、北アフリカや中東諸国と同程度である。またダムでの保有水量を比較すると、日本のダムの総貯水量は約204億m^{3}で、これは米国のフーバーダム（約400億m^3）の半分である。また国民一人当たりのダム総貯水量を米国（3384m^3/人・年）と比較すると日本は73m^3/人・年と米国の2%しか保有していない。中国（392m^3/人・年）と比べても19%以下であり、将来の水飢饉に対し、日本は貯水量の備えが足りない極めて危険な国である。また日本の将来の水資源に対し、次の項目も危惧されている。

（1）地球温暖化の加速で豪雨と渇水に脅かされる

　地球温暖化は降水量だけでなく、降雨強度や頻度も大きく変化させ、その結果、豪雨や渇水に脅かされる地域が増大する。

日本の水資源の約3割は春先の梅雨、秋の台風によってもたらされる雨水により支えられている。特に問題なのは春先の稲作など必要な時に、必要な水資源量を確保できなくなることである。

反面、気象庁のデータでは全国的に集中豪雨が増加する傾向が長期的に続いている。しかし洪水等を引き起こす集中豪雨は使えない水資源の増加でもある。

（2）積雪はどうなる

稲作地域では、雪解け水を苗代用水として活用してきたが、地球温暖化により、雪解けが早く始まり必要な時に水が不足する傾向が出てきている。積雪量は全国的に減少が続いており、1962年からの50年間で年最深積雪量は、東日本で56％、西日本では72％、北日本で18％減少している（いずれも日本海側）。

では全国的に減少しているかと言えば、北海道や本州の豪雪地帯では、逆に積雪が増える傾向もみられる。これは海面水温が上がり大気中の水蒸気量が増え、雪雲が発達しやすくなっているためで、降れば地域的に大雪になる。豪雪地帯では、大雪の頻度も増加して

いる。気象庁の予測では今世紀末に温室効果ガスが現在の1.8倍に増加した場合、冬の平均気温は3〜3.5℃上がり、その結果月ごとの積雪量は本州のほとんどの地域では数十センチ減少するが、北海道や本州の豪雪地帯では逆に20〜40センチ増加するとみている。つまり夏にみられる「ゲリラ豪雨」と同じようなメカニズム、「雨が降れば豪雨」「雪が降れば豪雪」の傾向が増加する予測が出されている。積雪は「天然のダム」と言われているが、温暖化の加速で不安定な水資源となっている。秋田と青森県にまたがる白神山地の湧水は雪解け水が主体で、硬度がわずか0.2mg/Lと超軟水で知られている。

2）外資による水源地買収問題

2000年以降、外国資本（外資）による森林資源の買収の報道が相次ぎ、農林水産省は2010年以降、「外国資本による森林買収に関する調査」を毎年実施し、その結果を発表している。それによると、たとえば2018年の一年間で30件、373haの森林が外資に買収されており、そのうち13件が中国人または中国系法人である。なかでも北

海道の倶知安町では、買収された17haの森林の利用目的を「未定」としており、「水源確保」などを表記していない。農林水産省が2021年8月に公表した同調査の最新版によると、外資による2006年から2020年までの買収事例累計は278件、2376haとなっている。

（1）公益より私的権利が強すぎる

大きな問題は、日本の民法207条では「土地の所有権は、法令の範囲内において、その土地の上下に及ぶ」とあり、土地を買収した所有者は、土地の上の森林資源は勿論、土地の下の地下水の権利まで保有することができ、公益より私的権利が強すぎることである。

（2）外資から水源地を守る法律がない

法的な問題点として、日本の山林は外国人が誰でも買える、世界でも珍しい国である。また、このような買収に共通するのは、ダミーや仲介者が二重三重に存在し、本当の所有者が不明で転売されても追及できないことである。

また、河川法では「流水は私権の目的としてはいけない」と規定

されているが、水源地のほとんどは、河川法の適用を受けない「法定外公共物・普通河川」であり、かつ地下水や雨水を取り締まる法律が無いことも問題である。従って多くの自治体は、条例で対処している。2018年に国土交通省水管理・国土保全局は「地下水関係条例の調査結果」を公表、47都道府県で80条例、地方公共団体で740条例を制定していることが明らかになった。しかし条例の中身をみると、水源、水質、地下水の涵養が大半で、所有権に関する条例は少ない。もちろん罰則規定（懲役や罰金など）の規定があるものの、国が定めた法律ではない。自治体が定めた条例による罰則規定が外国資本から日本の水源地を守れるかが、疑問視されている。

法律として「水循環基本法」の一部改正（2021年6月）が施行され、「地下水の適正な保全及び利用に関する施策」が規定されたが、その目的は、①地下水は地方自治体の境界を越えて流動するものであり、関係者の協議の場が必要である、②地下水のマネジメントを一層推進する―が主目的であり、水源地の所有権の問題には、触れていない。

外資（居住地が海外にある外国法人または外国人と思われる者）による森林買収の事例（2006（平成18）〜2020（令和2）年）

都道府県	市町村	件数	森林面積 (ha)
北海道	小樽市	1	11
	釧路市	1	105
	苫小牧市	1	6
	砂川市	1	292
	富良野市	2	1
	伊達市	2	127
	蘭越町	20	106
	ニセコ町	86	145
	真狩村	4	29
	留寿都村	13	55
	喜茂別町	1	0.8
	倶知安町	70	335
	共和町	1	163
	赤井川村	1	1
	月形町	1	125
	美瑛町	2	48
	上富良野町	2	6
	壮瞥町	3	92
	洞爺湖町	4	115
	初山別村	1	34
	清水町	2	5
	足寄町	1	3
	弟子屈町	1	1
	小計	221	1,804
宮城県	大崎市	1	2
山形県	米沢市	1	10
福島県	いわき市	1	90
栃木県	那須塩原市	1	1
群馬県	嬬恋村	1	44
	長野原町	1	0.1
	小計	2	44
千葉県	佐倉市	1	0.2
神奈川県	横須賀市	1	0.06
	伊勢原市	2	0.4
	箱根町	13	11

都道府県	市町村	件数	森林面積 (ha)
	真鶴町	1	2
	小計	17	13
石川県	加賀市	1	0.5
山梨県	山中湖村	1	1
	富士河口湖町	2	0.6
	小計	3	2
長野県	軽井沢町	5	11
	白馬村	2	1
	小計	7	12
静岡県	熱海市	1	0.5
愛知県	新城市	1	0.07
滋賀県	大津市	1	9
京都府	京丹波町	1	4
	京都市	2	1
	小計	3	6
兵庫県	神戸市	1	2
	姫路市	1	118
	上郡町	1	140
	小計	3	260
奈良県	宇陀市	1	1
和歌山県	田辺市	1	2
岡山県	鏡野町・津山市	1	48
福岡県	北九州市	1	0.004
	直方市	1	4
	福津市	1	55
	糸島市	2	0.3
	小計	5	60
大分県	由布市	1	3
沖縄県	石垣市	1	0.7
	名護市	1	3
	大宜味村	1	2
	今帰仁村	1	5
	小計	4	10
総件数		278	2,376

出所：農林水産省「外国資本による森林買収に関する調査の結果」（2021年8月）

　さらに2021年6月に「重要土地利用規制法」が国会で成立、それによると政府が規制対象とする土地は、①防衛施設、②重要インフラ（原発、空港）、③国境やその周辺の離島であり、水源地は含まれていない。

　水源地は、国民の命を守る国家の安全保障と位置づけ、法体系をしっかりと築くべきであろう。

リニア新幹線、大井川の水戻し論争

下水道情報（令和4年7月12日発行）

　2015年、JR東海がリニア新幹線の路線予定図を示した時から、静岡県の川勝平太知事は「南アルプス横断トンネルで大井川が涸れる」「大井川の水は、静岡県民の命の水だ、水一滴たりとも県外には渡さない」と強硬にJR東海が示してきた案をことごとく、否定してきた。具体的に国交省案については「中立性が疑われる、専門委員にも偏りがある」「JR東海の全量水戻し案は全く信用できない」「減水に対し科学的根拠がない」、さらには身内の難波喬司副知事（元国土交通技官、工学博士）がJR東海の見解に歩み寄りを見せてきた途端に事務方トップの難波副知事を解任するなど、対話が始まった2017年以降、全て「ちゃぶ台返し」で応対してきた。

　ところが2022年5月12日、JR東海が示した「リニアの水・全量戻し」案に対し、一転して「具体案は検討に値する」として歩み寄りを見せ、さらに県の6月定例会見で川勝知事は「リニア沿線自治体で組織される期成同盟会への加盟申請を行った」と報告。さらに「私は昔からリニア建設には賛成」だったとコメント、賛成の理由を問われると「『のぞみ』の機能がリニアに移ると、逆に「『ひかり』と『こだま』の本数が増える、リニアの全線開通に反対する理由がない」、さらには「飯田にリニア駅ができると、南信の拠点、住民の東京に出たいという気持ちは痛いほど分かっておりますから、賛成だ」と、あまりにも君子豹変した川勝知事の態度にリニア関係者から驚きの声が挙がっている。東海道新幹線が止まる駅数は、静岡県内が6駅で最多で、経済効果を狙ったのであろうか、今後の成り行きが注目されている。

1. リニア新幹線と静岡県との関係

　リニア新幹線は時速約500kmで東京から名古屋までを結ぶ、全長

リニア中央新幹線の概要
(出所：第1回リニア中央新幹線静岡工区有識者会議　配布資料)

286kmの経路で約8割が地下トンネルとなっている。静岡県内の路線延長は8.9kmで2ヵ所に非常地上出口を設置する計画である。静岡県内の土被り（地表面からトンネル天井までの垂直距離）は最大1400m（これまでの国内トンネル工事で最大の土被り）、最小350mである。

リニアトンネル掘削による大井川の減水対策については、関係者、有識者会議等で過去数十回にわたる論議がなされているが、水掛け論の応酬であった。

2. トンネル工事による減水量

減水量をみてみよう。JR東海が示した「環境影響評価準備書」には「覆工コンクリート等がない条件で、最大で毎秒2m^{3}の減水が予測される」とある。ところが現代のトンネル工事の現場では、先行探査ボーリングで地層を確認しながら掘削し、漏水圧力が強くなると、即薬液注入し地層を固め、または覆工コンクリートのような防水工事を施工するので、大量の出水は考えにくい。素掘り状態で何も対策しなければ最大毎秒2m^{3}の水が失われる、とあるが防水対策後の最小水量は示されていない。「なにも対策をしなければ、最大毎秒2m^{3}の減水」がすべての論議の中心となっている。毎秒2m^{3}の出水、日量に直すと17万2800m^3/日であり、トンネル工事

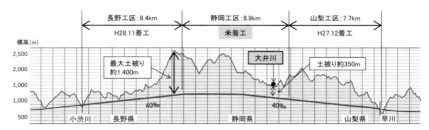

南アルプストンネルの状況　静岡工区は8.9km（出所：同）

3. JR東海によるトンネル湧水を大井川に戻す提案

リニア新幹線の建設に伴い懸案事項となっていた「大井川へ水を戻す」方策についてJR東海は、最終的に次の2案を公表（2022年4月26日）した。A案は、単純に、山梨県側で湧出した水をポンプでくみ上げ、大井川に流す。具体的には先進坑（工事準備のために最初に掘られるトンネル）が貫通するまで、不可抗力で山梨県側に流出する300〜500万m³を貫通後に静岡県の大井川に「水量を戻し、埋め合わせ」する。

B案は近くにある東京電力の発電用・田代ダムから、山梨県側に流出する水量を大井川に還元する。具体的にはトンネル工事で減水する分だけ、発電用水を減らせば、工事による減水影響はない、という提案である。既にJR東海と東京電力とは協議に入っているとも伝えられている。この2案について川勝知事は6月の県議会定例会で、「どちらの方策も流域の健全なる水循環を維持すべきとする水循環基本法の基本理念に反する」と述べ「全量戻しにはならない」との見解を改めて示した。

その一方で、「全量戻しに当たらない代替策であるから、提案を退けるという必要はない」とも述べ、「具体策について検討に値する」とし、今後、県の専門部会で検討する考えを示した。

4. 不都合な真実……田代ダム

「トンネルの湧水、一滴たりとも県外に渡さない」と主張する川

勝知事への「不都合な真実」がある、それは田代ダムである。

2019年12月の県議会で桜井勝郎県議（大井川の半分以上は桜井県議の選挙区）は次のような質問をした。「最近、知事はトンネル工事で発生する湧水を全量戻す件で、JR東海を糾弾し、関連する地域住民、企業、静岡市を絡め、一部報道機関まで、知事の言い分に乗っかって世間の関心を呼んでおります。まさしく劇場型のパフォーマンスだ」。

さらに桜井県議は、大井川の源流部にある田代ダム問題を取り上げた。田代ダムは1928年、大井川源流部の標高1380m地点に建設され、ダムに蓄えられた水は毎秒約5m³、静岡県から山梨県へ流出している。「知事が『県民の命の水』という大井川の水を、『一滴たりとも渡さない』と言いながら、あの田代ダムから山梨県側に流れている水も、あなたの言葉を借りれば、『我々の命の水』ではないでしょうか？」。

桜井県議が質した内容は次の6点である。①トンネル工事により、本当に大井川の水が減るのか、②トンネル工事の湧水は、その全量

がトンネル工事をする前に、大井川に流れていたのか、③県の資料によると「南アルプスからの地下水が毎秒10m³も駿河湾に流れている」とあるが、その水量の根拠は、④トンネル工事によって「毎秒2m³」の地下水が、前述の毎秒10m³から減水するのか、⑤トンネル工事により「生態系が壊滅的な打撃を受ける」と指摘するが、そう断言できるのか、⑥静岡県が設置した「中央新幹線環境保全連絡会議」は知事の賛成派ばかりで、構成が偏っているのでは——。桜井県議は各々の質問について「科学的な根拠をお示しいただきたい」と知事に答弁を求めた。

極めて正鵠を射た桜井県議の質問であったが、しかし川勝知事から明快な答弁はなされなかった。

5. 有識者の意見……県外への流出量は微量

2021年2月の国土交通省の有識者会議で、水循環の第一人者、沖大幹東大教授（水文学）は、トンネル工事で県外へ流出する水量（最大で500万m³）について「非常に微々たる値でしかない可能性がある」と指摘した。その理由と

して上流の神座地区の河川水量は平均19億m³だが、その変動幅はプラスマイナス9億m³もある。変動幅9億m³に対し県外流出する量が最大500万m³とすると、変動幅の0.55％と極めてわずかであり、リニア工事による県外流出量は、県内の変動幅に完全に吸収されてしまう値であると説明した。

さらに沖教授は「静岡県は、リニア工事による県外流出量を大きな問題としているが、利水安定のための変動幅約9億m³もの水を、自らコントロールする対策に取り組んでいない」と県の姿勢を指摘した。だが、この国の有識者会議の意見も川勝知事から「中立性が疑われる」と、門前払いにあっている。

長年、河川工学に取り組んできた、ある有識者によると「静岡県が指摘するような、流出問題が実際に発生するのか、極めて疑問である」という。「山岳トンネルや海底トンネルを掘ると湧水が出るが、その湧水は短期間で止まり、あとはチョロチョロとしか出てこない。最初は、その地層に溜まっている水や、破砕帯を通じて水圧に応じた湧水がある。これは事実

だが、延々と湧水は続きません。山を構成する岩には、非常に狭い亀裂（クラック）があり、その狭い空間を地下水が流れてきます。この流れに応じ、粘性摩擦抵抗が働き湧水がコントロールされ、時には湧水が止まります。地下水理学では、これを『損失水頭』と呼んでいます」。日本国内には1万ヵ所以上のトンネルがあるが、「工事完成後は殆どが染み出す程度の湧水であろう」と語っている。

さいごに

水に関するさまざまな問題は人命に直接かかわるだけに、感情が直接反映しやすい傾向がある。リニア新幹線沿線の自治体は静岡県を除き、早期建設を望んでいるが、今後、川勝知事が経済学者（専門は比較経済史）としてのリニア新幹線・湧水水戻し問題についてどう取り組むのか、その際、水文学や河川工学の専門家達の意見にどの位耳を傾けるのか、が注目されている。掘ってみなければわからない湧水問題であるが、感情に流されず冷静に論議すべきであろう。

大井川流域の8市2町（静岡県　リニア中央新幹線建設に係る大井川水問題の現状・静岡県の対応（第3版2020年1月24日）P.6抜粋。出所：同）

水害被害に関する訴訟、国が敗訴
～鬼怒川水害訴訟～

下水道情報（令和4年8月23日発行）

　過去の水害訴訟では、大阪府大東市の浸水被害をめぐる「大阪大東水害訴訟」の最高裁判決（1984年）を契機に、行政側（国や自治体）の責任を限定的に解釈し、これが行政の瑕疵の基準となり、被災した住民側に不利な司法判断が続く流れとなっていた。想定を超えた洪水による被害では、国の責任を問えない風潮が続いていた。

　今回取り上げる鬼怒川水害訴訟で水戸地方裁判所は、一部ではあるが国の河川管理（治水）としての責任を明確にし、原告に賠償金を支払うように命じ、極めて異例な判決を下した。また、通常の裁判では原告、被告の言い分（主張）を裁判所（書面と対面）で闘わせ、裁判長がその是非を判断するのが通常であるが、鬼怒川水害訴訟では裁判長を含む裁判官3人が自ら被災地の現地視察を行うなど、流れが変わってきている。最近の線状降水帯の頻発による数多くの洪水被害（下水道の内水氾濫を含む）に対し、管理者として国や自治体の責任の在り方が大きく問われることになると同時に、水インフラ整備（下水道の雨水排除などを含む）にかかる膨大な費用をどのように捻出し、誰が負担するかが問われる時代に突入してきている。

1. 鬼怒川の水害状況について

　2015年9月10日、関東・東北豪雨では、発達した積乱雲が帯状に連なる「線状降水帯」が発生し、上流で記録的な豪雨となり、鬼怒川が氾濫。茨城県常総市で堤防が決壊するなど大きな被害が出た。常総市の約三分の一が水没し、逃げ遅れて救助された住民は4千人を超え、住宅地ではおよそ1万戸が水に浸かり、さらに1週間以上の浸水が続き、断水、停電も重なり生活への影響も甚大であった。

1）鬼怒川の水害は、国の責任である（水戸地方裁判所）

　関東・東北豪雨で鬼怒川の堤防

鬼怒川堤防の決壊
(出所：国土交通省関東地方整備局資料を一部加工、2015年9月10日撮影)

居住地での氾濫水の状況
(出所：鬼怒川堤防調査委員会報告書、平成28年3月)

が決壊して大規模な水害が発生し、被災した茨城県常総市の住民ら約30人が、国を相手に約3億5870万円の損害賠償を求めた訴訟の判決が2022年7月22日、水戸地裁であった。阿部雅彦裁判長は、国の責任を一部認め、原告9人に対し約3900万円を支払うように国に命じた。水害に関する訴訟で国の河川管理の責任が明確に認定されるのは、極めて異例である。

訴訟では、水害が発生した常総市の2地区（若宮戸地区、上三坂地区）について、国の河川管理や堤防の改修計画に問題がなかったのかどうかが争われた。阿部裁判長は、若宮戸地区では、治水で重要な堤防の役割を果たしていた砂丘を河川区域に指定しなかったために、民間会社（メガソーラー開発業者）による砂丘掘削を招き、堤防決壊の上、水害につながったと判断した。その上で「国が河川区域に指定して、民間会社の砂丘掘削を妨げていれば、浸水被害は相当程度小さくなっていた。国の河川管理に瑕疵があったと認められる」と結論付けた。水害前年の2014年7月、近隣住民らは危険を察知し、常総市議会に働きかけ国交省に「洪水の危険性が極めて高い、若宮戸地区の早期築堤を求め

る」という要望書を出していた。国の責任が認められた背景には、周辺自治体の首長が連名で出したものも含め、2014年だけで3通にのぼった要望書が功を奏したとも言われている。

　一方、同じく堤防が決壊した上三坂地区の住民訴訟の主張「堤防が低かったのに国が改修を後回しにした」に対し、阿部裁判長は「他の治水の安全度の低い堤防から優先的に整備する『鬼怒川の改修計画』が格別不合理とは言えない、また国が用いた治水安全度の評価方法も一定の合理性がある」と述べ、住民側の訴えを退けた。住民側の一部は水戸地裁の判決を不服として、同日東京高裁に控訴した。

2）判決主文（判決要旨）に記載された治水に関する専門用語

　文系の裁判官にとり、水利工学や治水用語の理解は難しく、今後の裁判では、いかに裁判官に理解されるように、訴状を作るのが大きな課題とも考えられる。今回の判決主文では、以下のような専門用語が使われた。

- 越水による川裏側（かわうらがわ）での洗堀

- 越水前の浸透によるパイピング現象
- 治水安全度のスライドダウン流下能力
- スライドダウン堤防高の評価
- 河川水による裏法（うらのり）すべり
- 治水安全度の年超過確立1/10、1/30の判断

2. 海外における水害補償の現状

　日本国内では、水害の発生頻度を減少させるために、治水策として主にダムや堤防の整備に重点が置かれてきて、一定の成果があった。しかしながら、治水の安全度の低い氾濫原（地価が安い）での都市化の進展や異常気象の頻発で、これまでの治水では対応できない事例が多くなっている。治水に関しハード面だけではなくソフト面での対応も迫られている。では、今回の鬼怒川訴訟にみられる水害補償に対し、海外では、どのような洪水保険制度をとっているのか、概要を述べてみたい。

　我が国における洪水保険制度は①洪水の発生頻度が予測できない、②大規模洪水被害時には巨大な損害が発生する、③危険な地域

93

の人だけが加入し、その金額が高額となる、などの理由で成立が困難と言われている。現在、日本国内では民間の火災保険で浸水被害の補償（地盤面から45cm以上の建物、家財道具への浸水被害対象）を行っているのみである。しかしながら海外事例では、米国のように洪水保険制度を有している国もあれば、フランスのように自然災害全般を対象とした保険制度を有している国、カナダのように、洪水時の国の補償金額の算定基準まで法定化している国もある。

1）米国の洪水保険制度

　国が法制化した国営の洪水保険制度（1968年施行）がある。土地利用の規制と密接に関連しており、洪水危険区域の居住を制限することで、洪水被害額の減少を図っている。連邦政府と民間保険業界が共同で運営する形態が多く、仮に民間保険会社に、その保険料収入を上回る保険金請求があった場合、例えば大規模災害時には連邦保険局（FIA）による補填措置がなされる。基本的に任意保険であるが、仮に氾濫区域内に住宅や建物を建設する際には、洪水保険の

加入が義務付けられている。

2）フランスの洪水保険制度

　フランスでは国が法制化した自然災害保険制度（1982年公布）が存在する。洪水、干ばつ、地震、津波、高潮、雪崩などが対象になっている。政府の責任は災害予防と建築制限である。運営は国有・民間を問わずすべての保険会社で行っている。国の役割は、①補償する自然災害の定義、②保険料率や免責額の決定、③中央再保険公庫（CCR）を通じた再保険の担保保証、などである。任意保険であるが、物件や地域に限らず保険料率は一定であり、ほぼ全世帯が加入している。

3）イギリスの洪水保険制度

　イギリスでは民間保険会社の住宅保険の基本条項に洪水補償が組み込まれており、洪水リスクの高い契約では国と英国保険協会との合意文章「政府が洪水リスク低減対策と土地利用制限を実施する条件で、保険会社が補償する」を交わしている。洪水保険で民間会社のファンドに損失が生じる場合には、政府から借り入れが可能と

なっている。

このように、いずれの国においても、洪水対策や洪水リスク情報の提供は国の責務であり、かつ土地利用の規制が存在している。想定外の補償措置については官民連携体制となっている。

さいごに

今回の鬼怒川水害訴訟では、水害が発生してから7年目に水戸地裁の判決が出たが、東京高裁、さらに最高裁まで続く長い道のりが予想される。8月10日に発足した第二次岸田改造内閣でも、防災・減災、国土強靱化対策を集中的に実施する意向が示されている。頻発する自然災害、特に洪水対策についてハード面のみならずソフト面から「国民の命を守る」スピーディな施策実行に期待したい。

㉑ 雄物川の歴史と成瀬ダムをめぐるSDGs
～世界に誇れるCSGダム建設中～

下水道情報（令和4年11月15日発行）

雄物川は秋田県、山形県境の大仙山に源を発し、湯沢市、大仙市などを貫流し、秋田市を経て日本海に注ぐ、流路延長133km、流域面積4710km²の一級河川である。成瀬ダムは、雄物川水系成瀬川に建設中の多目的ダムである。なぜこの時期に新しいダムの建設なのか。成瀬ダムでは、今までのダム建設と異なり環境保全と地球温暖化防止（CO_2削減）を重視し、現場周辺の岩石や砂利にセメントを混合してつくる日本独自開発のCSG（Cemented Sand and Gravel）工法を採用。なおかつ、世界初の建設機械の自動化施工技術を導入した、国内最大級の台形CSGダムである。

今回は、特定非営利活動法人である「日本水フォーラム」の特別企画、「雄物川の歴史と成瀬ダムをめぐるSDGs」と題した若い世代（東北地方の高校生・大学生）向けのエクスカーションに同行し、雄物川水系の頭首工と、世界に誇れるCSG工法の成瀬ダムを視察した。

1. 国営雄物川筋農業水利事業

秋田県は稲作（水稲）の生産力が極めて高く、作付け面積や収穫量とも全国の上位にランクされ、それを支えているのが雄物川の河川水である。昭和に入り、度重なる水不足と洪水被害を解消すべく「国営雄物川筋農業水利事業」が実施された。

同事業は総事業費154億円、昭和21年度から昭和55年度まで35年の月日をかけた国家の一大プロジェクトであった。これにより雄物川水系の皆瀬・成瀬地区、旭川水系（現横手川）の旭川地区を合わせ1万4千町歩の農地が干ばつ、洪水被害から解放された。

1）成瀬・頭首工（とうしゅこう）

頭首工とは、耳慣れない用語であったが、今年5月に発生した愛知県の明治用水頭首工の漏水事故によって、多くの国民に知られるようになった。頭首工とは、「河川や沼から用水を水路に引き入れるための施設で、通常は取り入れ

口と取水堰、および管理施設から成る」と定義されている。なぜ頭と首なのか？ つまり後段に続く灌漑用水システムの先端施設として、頭首工と呼ばれている。

成瀬頭首工（横手市増田町）は、今から50年前、この周辺に点在していた4ヵ所の旧堰を統合して造られた。川幅約70mにわたり成瀬川を堰き止め、水田約1500haに灌漑用水を供給している。

2）秋田県内農業産出額

農林水産省の統計「令和元年秋田県内市町村別農業産出額（推計）」によると、県内25市町村の中で第一位が横手市で約296億円（このうちコメの産出額114億円）、第二位が大仙市で約237億円（同166億円）であり、頭首工からの灌漑用水が地域の経済効果を大きく支えている。

2. 成瀬ダム……国内最大級のCSGダム

現在の横手市を含む稲作の盛んな地域は平鹿平野と呼ばれ、雄物川の水や湧水を利用していたが、干ばつに悩まされた。江戸時代の豪農は力を合わせ、灌漑用水路を整備してきたが、自然界の猛威にはかなわなかった。

近代の雄物川水系では、「少なすぎる水」として昭和48年、平成元年、平成6年をはじめ、夏場を中心に上水道や農業用水の取水ができなくなるなどの渇水被害が、概ね3年に一度の頻度で発生していた。逆に「多すぎる水」として明治27年、昭和19年、昭和22年には戦後最大の洪水が発生し、流域面積の約6割が浸水するなど大規模な浸水被害が頻発していた。

このような水の被害を繰り返さないために昭和58年、秋田県により成瀬ダム実施計画調査が始まり、平成3年度には国の直轄事業に移行。成瀬ダムは「多目的ダム」（洪水対策、水量調整、農業用水、水道用水、発電用水）として、平成9年度に建設事業に着手した。令和3年に基本計画の見直しが行われ、事業費約2230億円、工事完成は令和8（2026）年をめざし建設中である（22

成瀬頭首工全景（筆者撮影）

年11月時点の進捗率は45％程度)。

1) 成瀬ダムの概要

　最大の特徴は、環境保全と地球温暖化防止を主眼とした、国内最大級の台形CSGダムということである。建設現場付近の岩石や砂礫、セメント、水を混合した台形型の堤体(水を堰き止める堤)造りと、工事に使用するCSGプラント(岩山から材料採取、材料破砕、均一化、CSG製造)やCSG運搬、打設工事(ダンプトラック、転圧振動ローラ、ブルドーザなど)が完全自動化で制御されていることで、工期短縮、安全管理の徹底、生産性の向上に寄与している。

　堤体工事を担当している鹿島建設・前田建設工業・竹中土木JVは、常に国交省・東北地方整備局・成瀬ダム工事事務所と連携し、世界で初めての多くのICTプロセスを導入している。過酷な現場からの作業員の安全確保、またいかなる山岳地帯でもダム建設が可能になるなど、次世代ダム造りの先端技術工法を牽引している。

2) ダムおよび貯水池の諸元

　通常のコンクリートダムは、堤体の上流側は底盤地面に対し直角が多いが、CSG工法のダムは強度面から台形型を採用し、水圧や地震に強い構造となっている。

3) ダムの堤体となるCSG打設の流れ

　製造されたCSGはダンプトラック(最大積載量55t)により打設場所まで運搬され、1層あたり25cmの厚さになるように、自動制御ブルドーザで均し、これを3

ダムおよび貯水池の諸元

ダムの型式	台形型CSGダム
ダムの高さ	114.5m
堤頂長(ダムの長さ)	755.0m
堤体積(ダムの大きさ)	485万m³
湛水面積(貯水表面積)	2.26km²
総貯水容量	7850万m³
発電最大出力	5800kW

成瀬ダム　完成予想図(全景)
(出所：成瀬ダム堤体打設工事Webサイト
https://www.narusedam.jp/)

成瀬ダム　完成予想図(断面)
(出所：国土交通省成瀬ダム工事事務所
Webサイト／数値は筆者加筆)

層まで積み重ねている。

その後、自動化された転圧振動ローラで締め固めを行い、1回当たりの打設を終了。ピーク時には、月間30万m³のCSG材を打設している。

4）自動化重機を見守る……ITパイロット

ITパイロット（作業指示、作業監視）は、常時4人が勤務。3人がそれぞれブルドーザ、転圧振動ローラ、ダンプトラックを管理し、残る1人が作業全体を監視する。昼と夜の2交代制で、計8人が24時間体制で管制している。

クワッドアクセル（A4CSEL）は鹿島建設が開発した世界初の自動化システムであり、既に28時間20分の連続稼働を達成している。すべての自動化重機が稼働すれば、その効果は、人員8割削減、工期が3割短縮と予想され、しかも災害リスクも大幅に縮減される。

5）開かれたダム造り見学コース

成瀬ダム工事事務所は、見学・視察担当者を置き、積極的に見学会の開催や視察の受け入れ体制を整えている。特に圧巻なのは、鹿島の「KAJIMA DX LABO」で、ここでは、ダム工事の概要は勿論、最先端の施工技術などがシアター映像で学べる。最後は見学者各々にタブレットが渡され、AR（拡張現実）技術によって、完成後の姿が展望デッキから現場確認できる人気のコースである。

さいごに

今回、エスカーションに参加した女子大学生から、「頭首工とダムとの関係が良く理解できた、将来的には建設関係の職に就きたい」との言葉もあった。是非、読者諸君にも世界に誇れるCSG工法による成瀬ダムの視察を推奨したい。

※YouTubeには、成瀬ダム建設中のドローン映像や多くの動画が公開されている。

CSGプラント
総合管理室
（筆者撮影）

重機による
転圧ローラ作業
（筆者撮影）

有機フッ素化合物PFOS/PFOAの規制強化動向と処理方法

下水道情報（令和5年6月13日発行）

　有機フッ素化合物類、特にPFOS（ペルフルオロオクタンスルホン酸）とPFOA（ペルフルオロオクタン酸）は化学的に極めて安定で、水や油をはじく性質を持つことから「焦げ付かないフライパンや調理器具」として庶民に知られている。工業用に大量に使われているのが泡消火剤で、少量でも短時間で消火できる「最強の消火剤」とされ、また最近では半導体製造にも多く使用されている。

　1998年、米国のEPA（環境保護局）は、「発がん性の疑い有り」として世界で最初のアラートを発した。その後EPAはアクションプランを発表し、州レベルで規制強化、モニタリングの強化を打ち出した。さらにストックホルム条約（長期間にわたり環境中に残存する化学物質を規制する条約）締約国会議は2009年、PFOSの製造や使用、輸入の制限を決定し、2019年には物質そのものの利用を原則禁止することを決定した。日本国内では環境省による全国調査の結果、在日米軍基地周辺や工業地帯の地下水からPFOS/PFOAが検出され大きな話題となり、国は規制強化の方針を打ち出している。

1. 国内PFOS/PFOAによる地下水の汚染調査

　有機フッ素化合物は、4700種類以上存在しており、その代表例がPFOS（俗称ピーフォス）とPFOA（ピーフォア）である。両物質とも、自然環境中で分解されにくく蓄積しやすい性質から「永遠の化学物質」とも呼ばれている。過去の研究では、発がん性や胎児の低体重化、成人の生殖機能への悪影響、肥満、甲状腺の疾患などの健康リスクが報告されている。

1）地下水汚染調査

　環境省が令和2年6月に公表した、全国171地点での地下水の調査結果によると、PFOS/PFOAの含有量は1都2府10県の37地点で

令和元年度PFOS及びPFOA全国存在状況把握調査結果（環境省）
トップ10地点を筆者抜粋（単位ng/Ｌ）

県名	市町村名	地点区分	PFOS	PFOA	PFOS+PFOA
沖縄県	沖縄市	河川	1462.8	45.3	1508.1
沖縄県	宜野湾市	湧水	1110.0	193.0	1303.0
沖縄県	中頭郡	湧水	1121.7	66.3	1188.0
東京都	調布市	地下水	153.0	403.0	556.0
千葉県	白井市	河川	330.0	19.2	349.2
東京都	立川市	地下水	294.0	43.2	337.2
東京都	府中市	地下水	259.0	42.8	301.8
神奈川県	大和市	河川	238.0	10.5	248.5
千葉県	柏市	湖沼	173.0	18.0	191.0
福岡県	築上町	河川	131.0	14.9	145.9

国が定めた暫定目標値（50ナノグラム/L）を超えている。大阪府摂津市の地下水からは、日本で最も高い1855ナノグラム（目標値の約37倍）が検出された。他には化学メーカーの工場などが集まる首都圏や阪神地区、泡消火剤を保管する多くの米軍基地周辺の河川水や地下水で汚染が確認されている。

2. 基準値が厳しい欧米各国

　世界各国は、飲料水に含まれるPFOS/PFOAの基準値を相次いで厳格化している。世界保健機関（WHO）は2022年9月にPFOS/PFOAの基準値を1Lあたり各100ナノグラムとする暫定値を公表したが、出来る限り低い濃度を達成すべきと呼び掛けている。

1）各国の基準値

　欧州連合（EU）は、加盟国にWHOより厳しい基準値を求めており、ドイツは2028年にPFOS/PFOAなど4種類の合計で20ナノグラム/Lとする方針を決めた。EUの規制強化の動きは、2018年に欧州食品安全機関（EFSA）による意見書で、①PFOSに関し、成人における血清中の総コレステロール値の上昇、②幼児におけるワクチン接種時の抗体反応の低下——が重大な影響として特定されたからである。

　米国環境保護局（EPA）は2023年3月、PFOS/PFOAの基準値を各4ナノグラム/Lと厳しくする案を公表し、年内に最終決定する予定である。基準値がこのまま決定され

た場合、公共飲料水に対する化学物質のモニタリングが義務付けられる。仮にPFOS/PFOAが基準値を超えた場合、一般市民に通知し、汚染を低減する措置が水道事業者に義務付けられる予定である。EPAは、この基準値（4ナノグラム）の採用により、PFOS/PFOA類による数千人の死亡と、数万人の重篤な疾病を減らせると想定している。この基準案は2023年末までに最終決定される予定となっている。バイデン政権は、規制強化と同時に自治体がPFOS/PFOAの削減対策を実施する際の財政支援として5年間で50億ドルの予算を手当済みである。（引用先原文はBiden-Harris Administration Progress on Per- and Polyfluoroalkyl Substance, March 2023）

2）日本の基準値

日本では、PFOSについては前述の「ストックホルム条約」により、化学物質の審査および製造等の規制に関する法律（化審法）で平成22年4月以降は特定の用途を除き、製造・輸入・使用等が禁止された。基準値としてWHOより厳しい50ナノグラム/Lを国の暫定基準値に採用していたが、さらに各国の動向をみて、厳しい基準値の設定を検討している。

3. PFOS/PFOAの浄水処理方法

厚生労働省は水道水の水質管理目標の設定項目と目標値に、PFOSとPFOAの和として50ナノグラム/Lを追加し、2020年4月から施行した。全国の浄水場で50ナノグラム/Lを超過した浄水場は無かったが、東京都の5ヵ所の浄水場では10〜30ナノグラム/Lの範囲で検出され、地下水を原水とする都市部の浄水場で高い濃度が報告された。

1）処理方式

原水に含まれるPFOS/PFOAの濃度を低減させる処理方式には、活性炭や膜分離（RO膜、NF膜）が使われるが、それぞれの方法にメリット・デメリットが存在する。PFOS/PFOA類は、先に述べたように「永遠の化学物質」であり、分解処理は通常の処理では不可能であり、除去することは、単に濃縮することを意味している。①膜処理では、原水中には他の物質も多く、その前処理に時間と

有機フッ素化合物PFOS/PFOAの規制強化動向と処理方法

PFOS・PFOAの性状・用途
科学的にきわめて安定性が高く、難分解性のため長期的に環境に残留すると考えられている。PFOSは泡消火剤・半導体等製品に、PFOAは泡消火剤、繊維等製品に使われてきたため、それらを所有・製造する施設が排出源となりうる。

PFOS・PFOAの国内外の動向
国内において環境省及び自治体の各種調査で検出が確認されている。飲料水においては、現時点で世界的に基準値相当の値は設定されていないが、各国・各機関において目標値の設定等に関する動きがあり、それらを踏まえ国内の水道水及び水環境に係る目標値等が設定された。

超過地域周辺における対応
PFOS・PFOAは、慢性的に摂取した際の毒性評価値をもとに目標値等が設定されていることから、継続的に摂取する水は目標値等を下回ることが望ましい。そのため、目標値等を超過した際の対応方針について、下記を示している。 (1) ばく露防止の取組の実施：飲用井戸の実態把握、水道水利用の促進に努めること。 (2) 継続的な監視調査の実施：その後の対応を検討するため、濃度の経年的な推移の把握に努めること。 (3) 追加の調査の実施：ばく露防止を確実に実施するために、特に飲用に供する水源がある地域において、調査範囲を拡大し、地下水の汚染範囲の把握に努めること。必要に応じて、排出現の特定のための調査を実施し、濃度低減のために必要な措置を検討すること。

自治体対応参考
PFOS・PFOAについては、引き続き知見の集積に努めるべき項目として要監視項目へ位置づけが変更されたため、公共用水域または地下水の水質測定計画へ位置づけ、調査の充実を図るなど適切な対応を検討することが重要である。調査結果については、関係部局間で情報共有を行うことが重要である。

「PFOS及びPFOAに関する対応の手引き」の概要 （環境省資料から本紙が抜粋・作成）

経費が掛かり、さらに廃液には高濃度のPFOS/PFOAが残留する。

②活性炭が一般的に多く使われているが、共存する有機物が多い場合は、活性炭がすぐに飽和してしまい、PFOS/PFOAなどは、吸着されずに通過してしまう。仮に全て吸着しても、最終処分に課題が残る。

③イオン交換樹脂も、有効な処理方法であるが、膜処理以上に課題が残る。

④最近では、亜臨界水処理も検討されている。

さいごに

米国では、ろ過器+活性炭吸着+イオン交換樹脂を使い完全除去し、最後の樹脂は焼却処理している。PFOS/PFOA類は熱分解され、最後に二酸化炭素とフッ化物イオンとなり、フッ化物イオンは、既存の処理方法であるフッ化カルシウムとして無害化される。半導体関連の水処理では、この方式は有効な処理方法であるが、市民向け水道事業では到底、無理なプロセスである。また、新しき汚染源とし、最終処分地の浸出水も大きな問題として取り上げられている。今までに使用されたPFOS/PFOA製品が埋め立てられ、その浸出水から高い濃度が検出されている。まさに「永遠の化学物質」の所以（ゆえん）である。

103

2023年　国内外の水ビジネス展望

下水道情報（令和５年１月24日発行）

1. 2022年　海外の水ビジネスの動きを振り返る

　昨年の海外での大きな動きは、水関連デジタル化の加速と世界的な水メジャーの動きである。

１）水関連デジタル化の波

　世界的に上下水道ユーティリティ・システムにデジタル化の波が押し寄せてきた。水のデジタルソリューション化は経営環境の改善、地球温暖化による水災害の防止、減少する労働力の補完、タイトなサプライチェーンを大きく改善する力が徐々に認識された。米国では約950のデジタルウォーターベンダーが活躍し、さらに水のデジタルソリューション化が加速している。10年遅れと言われている日本市場においても、上下水道分野のDXソリューション（ビックデータ活用、薬品注入の最適化、衛星による漏水検知、通信会社との協調など）が発展途上である。

　そのような状況下で、小規模であるが愛知県豊橋市のIoT活用モデル事業が注目されている。水道、電気、ガスの共同検針で、検針業務の効率化だけでなく、維持管理の見える化、見守りサービスなど、地域に根差したインフラの安全保障に貢献するものと期待されている。

２）ヴェオリアとスエズの合併
　　……世界最大の水企業に

　欧州委員会（EU）は、水ビジネス世界最大手の仏ヴェオリア社による同業仏スエズの合併（買収）を認める決定をした。ただしスエズが仏国内の水道事業を売却しないことなど、欧州の競争環境に悪影響を与えないことを条件とした。各政府当局の承認を得てからのスタートとなるが、例えば英国の競争・市場庁は2022年８月、ヴェオリアに対し、次の３事業の売却を命じている。①スエズの英国での廃棄物処理サービス事業、②工

業用水運用サービス事業、③ヴェオリアの欧州における移動式水処理サービス事業——などである。2023年は、それぞれのブランド名で積極的な営業展開を図っており、その世界戦略は、水部門は勿論のこと、有害廃棄物処理、固形廃棄物（プラスチック）リサイクリング、エネルギー効率化、エコロジーなど幅広く展開し、当期税引き前利益（EBITDA）は4.7〜4.9ビリオンユーロ（約7千億円）を目指している。

2. 2022年の国内水ビジネスの動きを振り返る

①大型コンセッション、DBO

宮城県が運営していた上・工・下水9事業を対象とした「みやぎ型管理運営方式」が昨年4月、メタウォーター㈱が代表企業となり、日本初の大型コンセッションとして正式にスタートした。

また昨年は、浄水場向け大型DBOプロジェクトが数多く見られた。①2月、栃木県小山市・若木浄水場DBO、代表企業は東芝インフラシステムズ㈱で115.6億円（維持管理含め）、②4月、神奈川県小田原市高田浄水場

DBO、代表企業は水ingエンジニアリング㈱で189億円（維持管理含め）、③9月、山口県下関市長府浄水場DBO、代表企業は㈱神鋼環境ソリューションで279億円（維持管理含め）、④12月、秋田市仁井田浄水場DBO、代表企業は鹿島建設㈱（ほか水ingエンジニアリングなど）で232.4億円などである。今後とも中核都市向けにDBOビジネスは大きく進展することが予想されている。

②水処理会社の経営統合の動き

2022年12月5日、月島機械㈱とJFEエンジニアリング㈱の水エンジニアリング事業の統合の動きが報じられた。統合新会社名は「月島JFEアクアソリューション㈱」で資本金は50億円、従業員は約800名で、2023年10月から正式にスタートし、2035年度までに事業拡大、M＆A等により売上高1500〜2000億円を目指す。汚泥処理に強い月島機械と、EPCに強いJFEエンジの事業統合による相乗効果が期待されている。

3. 2023年　海外水ビジネスの展望

世界人口が80億人を超え、世界

105

的に水ストレスが顕著になってきている。水資源の確保として海水淡水化や水のリサイクルビジネスの進展が予想されている。

1）海水淡水化市場予測

海水淡水化市場は、2021年の190億米ドルから2027年に320億米ドル（約4兆3200億円、135円/ドル換算）に達し、その期間内で8.8％（CAGR）の加速が予想されている（Renub Research調査）。

主要な市場は中近東、アフリカ、北米、アジア太平洋地域であり、主要EPC企業はアキシオナSA、ヴェオリア、バイウォーター、デグレモン、IDEテクノロジーなどである。日本企業は膜素材の提供に留まっている。

2）水リサイクル市場予測

米国CMI（Custom Market Insight）社の調査によると、「世界の水のリサイクルと再利用需要の市場規模」は、2022年は171億6千万米ドルで、2030年までの年間成長率（CAGR）は約14％、2030年には約305億米ドル（約4兆1千億円）に達する。地域別市場ではアジア太平洋地域が驚異的

な成長を遂げると予測され、今までに着実に市場を伸ばしたのは、豪州、台湾、シンガポールなどで、今後は中国、インド、アフリカ（サハラ砂漠以南の国）の水インフラ整備で急速な発展が期待されている。またCOP27（エジプト）で宣言された「損失と損害」に対する基金（先進国が途上国の水災害を補償）では資金援助とともに技術的な支援が求められており、これらも持続可能な水ビジネスの進展を支えることになるだろう。

3）水処理薬品市場予測

2023年は411億米ドルと推定され、その後3.4％（CAGR）の成長で2028年には502億米ドル（約6兆7770万円）に成長すると予測されている（英国Market Growth Report調査）。大きな市場は米国、中国、欧州、東南アジアと推定されている。

4. 2023年　国内の水ビジネス展望

2年以上も続いたコロナ禍で上下水道の料金収入も減少している中、官需向けビジネスは劇的な変化は望めないが、変革を目指した

動きが活発になることを期待したい。民需では半導体関連水ビジネスには期待ができるだろう。

1）水道事業関係

2023年9月に昭和33年から65年間続いていた厚生労働省の水道行政が令和6年度をめどに国土交通省に業務移管されることが閣議決定された。国交省は、水資源管理、河川行政、下水道、道路、港湾整備など幅広い水インフラ関連を所管している。業務移管後は、水利権の許認可、ダムの多目的活用の促進など、水道行政の効率化に大きく貢献することが予想されている。例えば、浄水場で大きなコストがかかっている「汚泥処理」も、上流取水で、濁度や汚染度の低い綺麗な原水を取水し汚泥処理コストを削減、また流域治水により水道原水を自然流下で配水するなど、電力コスト削減に大きく寄与するだろう。ビジネス的には流域全体の水循環をまとめ上げるために総合的な水循環コンサル業務が拡大し、従来の水道コンサルタント（NJS、日水コン、東京設計、日本水工設計など）は、今後国交省の河川系コンサルタント（建設

技術研究所、日本工営、パシフィックコンサルタンツ、八千代エンジニアリング、河川情報センターなど）と協調するか、または激しい鍔迫り合いが予想される。

2）下水道事業関係

令和5年度の下水道予算（社会資本総合整備として約1兆4千億円）では、さらなる防災・国土強靭化に下水道による浸水被害軽減総合事業の拡充や、DX戦略とともに下水道温室効果ガス削減推進事業の創設が織り込まれている。特に昨年9月頃から注目されている下水汚泥の農業利用が、ウクライナ侵攻後、急激な肥料価格の高騰に対処するために、大きなビジネス（コンポスト化、リン回収など）になることが予測されている。下水汚泥に含まれるリン資源量は、農業で使用されるリン肥料（約50万t/年、全量輸入）の1割を占めると試算され、農業関係者からも大きな期待が寄せられている。下水汚泥や焼却灰からのリン回収では、大手の水ingや日立造船、メタウォーターなどが先行しているが、中堅の共和化工㈱の動きも注目されている。佐賀市の下水汚

泥コンポストセンターの指定管理者を含め、全国15ヵ所で展開、さらに自社保有のコンポストセンター4ヵ所で積極的な営業を行っている。同社のモットーは「微生物はうそをつかない®」である。

3）半導体向け水ビジネスの進展

2021年から2023年までの3年間における世界中の半導体工場への投資額は約67兆円（135円/ドル換算）であり、日本国内でも、新聞報道によるとTSMC熊本（8000億円）、ソニー（数千億円）、キオクシア（1兆円規模）、キャノン（380億円）など建設が目白押しである。ここで使われる超純水関連（膜、イオン交換樹脂、高純度水処理薬品など）が大きなビジネスになるだろう。"水なくして、半導体なし"である。

さいごに

コロナ禍が収束しない中、ロシアのウクライナ侵攻により、あらゆる原材料の高騰や不安定な世界経済に直面する日本だが、国民の命を守る上下水道インフラを持続可能にすることは我々の使命である。時代の変化に対応したグローバルな視点を持ち、今、置かれている立場でなにができるのか、アイデアと智慧を絞り、実行に移す年でありたい。

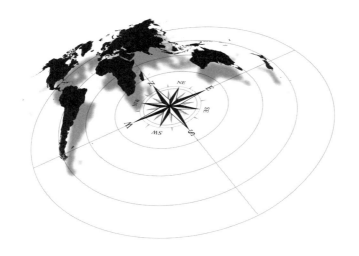

第三部

水会議

㉔ 日本が主導する「第4回アジア・太平洋水サミット」、熊本で開催

下水道情報（令和4年3月8日発行）

1. はじめに

アジア・太平洋地域は、「世界の成長センター」とも言われ、域内21ヵ国で世界人口の約4割、世界貿易量の約5割、世界GDPの約6割を占める重要な地域である（外務省令和4年1月発表）。その地域に居住する約30億人の生活や経済発展の土台（社会インフラ）を支えているのが水資源である。

認定NPO法人「日本水フォーラム」は2007年12月、「第1回アジア・太平洋水サミット」を大分県別府市で開催し、アジア・太平洋地域における持続可能な水資源の啓蒙や技術・知識の共有などを主導してきた。

今回は、15年ぶりに日本で開催される「第4回アジア・太平洋水サミット」の概要を紹介する。この水サミットでの活動が、アジア・太平洋地域の「持続可能な発展」に向けた、大きな貢献となることを期待したい。

2. 第4回アジア・太平洋水サミットについて

日本水フォーラムが事務局を務めるアジア・太平洋水フォーラム（Asia-Pacific Water Forum：APWF）は、熊本市と共同で「第4回アジア・太平洋水サミット（APWS）」を2022年4月23日・24日に開催する予定である。

APWSは、開催国政府・開催地の都市とAPWFが共催し、アジア・太平洋地域が抱える水問題に対する認識を深め、その課題解決を目的とした国際会議である。国際機関、開発金融機関、NGO、企業、学会等が国内外の叡智を結集し、アジア太平洋地域の首脳級をはじめとする政策決定者に対して、持続可能な発展に向けた道筋や取り組みを、水の観点から示すことを目的としている。

水問題の解決にはトップリーダーの強い指導力が必要であることから、APWSは各国の首脳自身

桜町地区市街地再開発事業の一環として
整備された熊本城ホール
(=矢印／出所：熊本市ホームページ)

が「水」に関する自国の現状・問題点とトップリーダーの考え方を自由に述べ、その知見を共有し合うことで相互確認、確信を得ていく機会を提供することが特徴である。日本での開催は、前述の如く15年ぶりとなる。今回の第4回APWSの円滑な実施のため、2019年3月26日、外務大臣、文部科学大臣、厚生労働大臣、農林水産大臣、経済産業大臣、国土交通大臣、環境大臣による閣議請議が行われ、関係する行政機関が必要な協力を行うことが閣議了解された。

1）第4回アジア・太平洋水サミット（APWS）の概要

【開催日時】2022年4月23日（土）、4月24日（日）

【共催機関】アジア・太平洋水フォーラム(APWF)、熊本市

【会場】熊本城ホールおよびオンライン（※新型コロナウイルス感染症の状況によりオンライン開催となる場合がある）

【参加者】
- アジア・太平洋地域各国の首脳級、閣僚級、政府高官
- 国連・国際機関のトップ、研究機関、NGO、他
- 分科会や統合セッションに参加をする専門家・実務者

（1） 9つの分科会トピックス

1. 水と災害、2. 水と食料、3. 水供給、4. 衛生・汚水管理、5. 水と環境、6. 水と文化と平和、7. 水と貧困・ジェンダー、8. 地下水を含む健全な水循環、9. ユースによるリーダーシップ・イノベーション

（2） 4つの統合セッションのトピックス

1. 科学技術、2. ガバナンス、3. ファイナンス、4. 水関連SDGsとアフターコロナへの対応

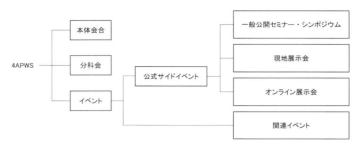

第4回APWSの構造（出所：日本水フォーラムホームページ）

2）期待される成果は

首脳級会合では、各国の首脳級が、各国の水課題に関する状況や取り組みを共有し、コロナ禍からの復興において、様々な水問題を解決するためのリーダーのイニシアティブを議論する。その上で、第4回APWSに参加した首脳級の決意を記した宣言文書を採択することを目指している。首脳級会合を受けて、各行動の実施に関する9つの分科会と4つの統合セッションの責任者が、その内容を取りまとめる。

今回、得られた成果は、2023年3月にニューヨーク国連本部で開催される「国連・水会議」において、国連が提唱するSDGsの達成に向けて、「第4回APWSの成果文書」を国際社会に発信する。もちろん、その成果に基づき今後のアジア太平洋地域および世界の水課題の解決に寄与していくための取り組みを継続的に進めてゆく予定である。

3. これまでの「アジア・太平洋水サミット（APWS）」の開催実績

1）第1回APWS（2007年、大分・別府で開催）

- 日本の皇太子殿下（当時）、オランダの皇太子殿下（当時）、首脳級10名、大臣級32名をはじめ、合計371名が参加。
- 成果：「別府からのメッセージ」の採択。
- 水問題の解決が最優先であることを再確認し、2000年国連ミレニアム開発目標（MDGs）を越えた2025年までの目標を設定。
- 首脳級会合として、初めて水災

第3回APWSで登壇した閣僚級参加者（写真は筆者撮影、以下同じ）

害を優先課題として位置づけた。

2）第2回APWS（2013年、タイ・チェンマイで開催）
- 参加者：首脳級18ヵ国、閣僚級16名を含む300名以上が参加。
- 成果：「チェンマイ宣言」を採択。
- 水と衛生を国家政策の優先事項として定め、災害リスク低減をSDGsに盛り込むよう国際社会に発信した。

3）第3回APWS（2017年、ミャンマー・ヤンゴンで開催）
- 参加者：16ヵ国からの20名の首脳・閣僚級を含む39ヵ国・700名以上が参加
- 成果：「ヤンゴン宣言」を採択。

第3回APWSには、筆者も出席したので、当時の概要を詳述する。

オープニングセレモニーでは、アウン・サン・スー・チー国家最高顧問兼外相（当時）が主催国として「国が経済成長を果たすために水の安全保障は不可欠であり、今回のサミットの成果を期待している」と挨拶。その後各国の代表が挨拶し、日本から石井啓一国土交通大臣（当時）が「日本には水問題の解決、特に多くの水災害を克服してきた制度、技術、ノウハウが蓄積されている。これら日本の経験を皆様と共用し、アジア太平洋地域のさらなる発展に寄与したい」と力強く基調講演し日本の貢献策を述べた。

開会式で挨拶したアウン・サン・スー・チー国家最高顧問（当時）

◆日本の貢献　石井大臣の各セッションでの挨拶概要

　石井大臣は、①気候変動下の水と災害、②水循環の再生として、雨水利用と持続可能な地下水管理、③衛生の改善と下水道の管理、についての3つセッションにて、特に水循環の重要性と水災害の防止策を強調するとともに、日本の貢献策を述べ日本の存在感を示した。また2017年ミス日本「水の天使」の宮崎あずささんも和服姿で参加、各国の閣僚と記念写真に応じ日本をPRした。

◆ヤンゴン宣言

　最終日12日は、討議の成果を踏まえ、「持続可能な開発のための水の安全保障」について、アジア太平洋地域の各国が取り組むべき道筋を示す、「ヤンゴン宣言」が採択された。宣言では、水資源の確保、洪水対策、水災害の減災、水の有効利用、投資の拡大など幅広い目標と具体的な行動策が示された。特に国連が提唱する2030年までの「持続可能な開発目標（SDGs）」の達成目標より5年早め、アジア太平洋、すべての地域で「安全で安心な飲料水の供給、衛生的な環境を提供する」。そのために「水関連災害リスクの低減や水道整備などのインフラ投資を倍増する」などと、意欲的な行動の道筋が盛り込まれた。さらに日本が提唱してきた「健全な水循環の考え方」や「事前防災の重要性の視点」なども織り込まれたことは特筆に値する。

4. 第4回APWS関連イベントの開催について

　依然としてコロナウイルス感染症が世界的に猛威を振るっているため、コロナ禍前のように、国内外の多様な参加者が一堂に集まり、議論を行うことが難しい。一方、オンラインを通じた国際会議の開催が普及していることから、第4回APWSにおいても、オンラインツールを適切に活用し、世界

中の多くの方々に第4回APWSにおける議論を配信する予定である。

その一環として、アジア・太平洋水サミット事務局は、第4回APWSの開催日の前後などに、別の会場で、水に関する意識啓発などを広く情報発信することを目的としたイベントを主催する団体を募集し、関連イベントとして認定する。

おわりに

コロナ禍で多くの水に関する国際会議、例えばストックホルム国際水会議やIWA世界会議などが中止や延期になる中、日本で開催される第4回APWSは、貴重な機会であり、ぜひ日本の叡智や普及に向けた取り組みをアジア・太平洋地域のみならず全世界に発信し、各国が水に関する持続可能な発展をつくる手助けができることを期待したい。

【参考文献】

1. 認定NPO法人日本水フォーラムホームページ：https：//www.waterforum.jp/
2. 朝山由美子著『第四回アジア・太平洋サミットの開催について』水道公論Vol.58　p58-62　日本水道新聞社　2022年2月号
3. 吉村和就著『第三回アジア・太平洋水サミット　ミャンマー・ヤンゴン市で開催』下水道情報　第1860号　p16-18　公共投資ジャーナル社　平成30年1月30日

第3回APWS　会場での筆者

右から「水の天使」宮崎あずさ氏、石井啓一国土交通大臣（当時）、竹村公太郎氏（日本水フォーラム事務局長）

㉕ 「第4回アジア・太平洋水サミット」熊本で開催

下水道情報（令和4年5月17日発行）

令和4年4月23、24日の両日、熊本市・熊本城ホールにアジア太平洋地域から、30の国・地域の首脳級および政府関係者、水の関係者が約3000名集い、「第4回アジア・太平洋水サミット」が盛大に開催された。テーマは「持続可能な発展のための水 ～実践と継承～」。SDGs（国連の掲げる持続可能な開発目標）の17項目のあらゆる目標達成に関わる水問題の解決に向けて、議論が交わされた。開会式には、天皇皇后両陛下がオンラインで出席され、天皇陛下が、お言葉を述べられるとともに記念講演にご登壇された。岸田文雄首相をはじめ、ツバル、カンボジア、ラオス、ウズベキスタンの首脳級はメインホールに参会し、首脳級会合では「熊本宣言」を採択。基調演説に立った岸田首相は、質の高い社会の実現に向けた認識と行動を共有し、今後の日本の政策として「熊本水イニシアティブ」の立ち上げを表明した。

1. 開会式……天皇陛下のお言葉

開会式には、アジア・太平洋地域・国から首脳級を含め約700名が参集したほか、天皇皇后両陛下がオンラインで出席された。主催者であるアジア太平洋水フォーラムの会長（水サミット合同実行委員長）を務める森喜朗元首相の開会挨拶に続き、天皇陛下が英語でお言葉を述べられた。筆者の心に残った天皇陛下のお言葉を次に紹介する。

「水は、地球上のあらゆる生命の源であり、多くの恵みを与えてくれる一方で、時には洪水などで災害をもたらす脅威となります。また水問題は、貧困、教育、ジェンダーなど、持続可能な目標（SDGs）の他の課題とも密接に関連した問題として捉えられます」

「今回のサミットでは、各国首脳級、さらには国際機関、政府機関、NGO、各分野の専門家など様々

天皇皇后両陛下

な人々が集い議論し、叡智を結集して具体的な解決策を探り行動に移すことが期待されています」
「来年には国連で46年ぶりに水問題を中心に議論する会議が開催されます。最後に今回のサミットが大きな成果を挙げ、アジア太平洋地域、さらには世界の水問題の解決、そして、水を通じた全世界の人々の幸福と世界の平和に向け大きな一歩となることを心から願い、私の挨拶といたします」
（お言葉の全文および記念講演の詳細は宮内庁のHPで公開されていますので、そちらでご覧ください）

2. 岸田首相の挨拶……水を治める者は国を治める

　カンボジアのフン・セン首相、ツバルのカウセア・ナタノ首相、ラオスのパンカム・ヴィパヴァン首相、ウズベキスタンのサルドール副首相など多くの首脳級が参会する中、開催国の岸田首相は「水を治める者は国を治める。水を治めることは地球規模の社会課題を解決することに大きく貢献する」と、水問題解決における政治のリーダーシップの重要性を強調。例えば「質の高い社会構築」をキー

ワードの一つに挙げ、「レジリエントで持続可能な開発を促進するために、水問題を牽引する責務があり、開催国の首相として、行動をより一層加速する使命を強く感じている」と述べ、今回の水サミットを「大きく踏み出す好機」にしたいと意欲を見せた。国連のアントニオ・グテーレス事務総長はビデオメッセージで挨拶し、最後に開催都市を代表して大西一史熊本市長が「熊本市で水サミットを開催できることは光栄で、世界の水の未来の道筋になることを確信する」と水サミットで得られる成果に期待を寄せた。

3. 首脳級会合……熊本宣言採択

会合には対面およびオンライン出席を含め約20ヵ国の首脳らが参加。熊本宣言では、①コロナ禍と回復における水問題からのアプローチ、②質の高い社会への変革、③従来手法からの取り組みの加速──などを主要項目として、各国・地域のリーダーが取り組む方向性について合意した。また「質の高い社会」を実現させるためには、ガバナンス、ファイナンス、科学技術の三分野の重要性を強調した。

4. 課題解決へ熊本水イニシアティブ……岸田首相が表明

岸田首相は基調演説でアジア太平洋地域の水問題解決に貢献する支援の仕組み「熊本水イニシアティブ」を宣言、5年間で5000億円の投資を行うことを表明した。具体的には、ハード・ソフト両面からデジタル化など最新技術を活かし、気候変動への適応策・緩和策への取り組み支援、基礎的な生活環境改善の支援を通じ、質の高い社会インフラ整備の構築に貢献することを目指すと宣言した。

1）第一のアプローチ……気候変動適応策・緩和策の取り組み

- アジア太平洋地域に存在する3万基以上あるダムに、我が国の有する技術（治水・利水能力の向上、水力エネルギーの増強など）で気候変動の緩和策
- 農業用排水施設の整備、水田の雨水貯留機能の活用
- 水管理に必要な観測データの蓄積・収集や将来予測の促進
- 水害リスク評価や整備・運用の見える化支援

「第4回アジア・太平洋水サミット」熊本で開催

岸田首相

- 水管理人材の育成

2）第二のアプローチ……基礎的な生活環境の改善への取り組み
- 公共用水域の水環境の改善支援
- 水道施設の施設拡大・更新時への支援
- 水道事業体の能力強化（IoT技術の活用、民間企業の参入促進、漏水探知能力の向上、無収水量削減による収支改善、料金徴収システムの拡充など）
- 汚水管理の促進
- 我が国の下水道施設整備技術の活用により水環境改善やバイオマス発電に貢献
- 下水道整備による浸水被害の軽減
- インフラ管理・運用のデジタル化や最新技術の導入支援

5. 専門家による分科会討議

　九つの分科会では熱心な意見交換と討議が行われた。①水と災害/気候変動、②水供給、③水源から海までの水と環境、④水と貧困/ジェンダー、⑤水と衛生/汚水管理、⑥ユースによるリーダーシップ・イノベーション、⑦水と食料、⑧水と文化と平和、⑨地下水を含む健全な水循環──などであり、各々の分科会の成果は統合セッションにおいて、科学技術面、ファイナンス面、ガバナンス面の視点

119

統合セッション

パネリストらとのショット（左からPUB・マイケル氏、筆者、土研・小池氏、国交省・井上氏）

から議長サマリーとして取りまとめられた。

　筆者が出席した統合セッション「科学技術」では、国立研究開発法人土木研究所/水災害・リスクマネジメント国際センターの小池俊雄センター長による司会で、NASAアジア担当のガービィ・マッキントッシュ代表、IPCC執筆メンバーである国立研究開発法人海洋研究開発機構/環境変動予測研究センターの河宮未知生センター長、国土交通省水管理・国土保全局の井上智夫局長が登壇、オンライン参加者（WMO（世界気象機関）やADB（アジア開発銀行））も含め、熱心にSDGsにもとづくレジリエンスな社会構築の道筋が論議された。

　セッション終了後には、聴講していたシンガポール公益企業庁（PUB）のマイケル・トウ産業技術連携促進部長と面談、パネリストと意見交換を行った。PUBはアジア最大の「水研究開発センター」の設立を予定しており、日本企業の積極的な参加を求めている。

6. ハイレベルステートメント

　各国の大統領や首脳がオンラインで参加、国家元首の生の声が会場で放映された。フィリピン、オーストラリア、サモア、トンガ王国、フィジー、パラオ、アルメニア、ブータン王国、ベトナム、インドネシア、タジキスタン、スリランカ、キルギス、トルクメニスタン、ナウル共和国などであり、多くは先進国からの温暖化対策についての技術的な支援や財政支援の要望が多かった。興味深かったのはタジキスタン共和国のラフモン大統

領の演説であった。いわく「世界の人々はツバルやキリバスのような島嶼国が、温暖化による海面上昇により沈む国と理解しているが、わが国には氷河が8000以上あり、すでに1000以上が温暖化により消滅し、飲料水や農業に大きな影響を与えている。世界の人々は氷河を有する山岳国にも関心を持つべきである」と。

7. 公式サイドイベント（シンポジウムや展示会）

15年ぶりに日本で開催された水サミット、過去の水サミットと大きく異なったのは、特に若い人（ユース）や地域に密着したイベントが多かったことである。「熊本の小学生から世界に発信！〜海洋ごみをゼロにするために〜」「次世代へ継承　世界に熊本の魅力を発信　〜熊本の地下水」、ユース水フォーラム・九州で熊本の高校生が作成した動画やこれまでの活動紹介など、ユースによる持続可能性の見える化に関する試みが披露され、多くの参加者で盛況であった。

さいごに

2016年の熊本地震や2020年の豪雨災害から、見事に復興された熊本で開催された第4回アジア・太平洋水サミットの成果である「熊本宣言」や日本政府が提言した「熊本水イニシアティブ」は、2023年3月に国連本部で開催される「国連2023水会議」で報告される。今回の成果がアジア太平洋地域のみならず、全世界の水問題解決における礎の一つになることを期待したい。【写真はすべて筆者撮影】

タジキスタン共和国　ラフモン大統領

高校生によるサイドイベント

ダボス会議で語られた水の危機

下水道情報（令和5年2月21日発行）

　「分断された世界における協力の姿」をテーマにスイスのダボスで開催された世界経済フォーラム年次総会2023（通称「ダボス会議」）が1月20日に閉幕した。世界経済フォーラム総裁のボルゲ・ブレンデは閉会の辞で「今回のダボス会議では、特に食料、エネルギー、気候変動という最も緊急的な危機への認識と取り組みに進展が見られた」と強調した。

　3年振りに開催されたダボス会議では、世界各国から政府代表、産業界の指導者や市民団体など約2700人の参画の下で、50以上の特別セッションが展開された。日本から西村経済産業大臣、後藤経済財政担当大臣や河野デジタル大臣、産業界のVIPらが、日本のビジョンや取り組みを発信した。

　会議では当然のことながらロシアのウクライナ侵攻と、急激に上昇するインフレ、世界同時不況への懸念などが地政学的な対立を引き起こす、主要な新たな懸念事項とみなされ、それに伴うリスク認識と回避について多くの論議が交わされた。ダボス会議に先立ち恒例の「年次グローバルリスク報告書」が開示され、今後10年間に人類が直面する最悪のリスクが述べられている。

1. グローバルリスク　トップ10

　このグローバルリスク報告書は、1200人を超えるその道の専門家、政策立案者、業界のリーダーが、今後起こるべきリスクを評価したものである。トップ10のリスクは、①気候変動の緩和策の失敗、②気候変動適応策の失敗、③自然災害および異常気象、④生物多様性の喪失と生態系の崩壊、⑤大規模な非自発的移住、⑥天然資源の危機、⑦社会的結束と二極化の侵食、⑧サイバー犯罪とサイバー不安の蔓延、⑨地政学的な緊張、⑩大規模な環境被害事件――である。いずれの項目も今後10年間で起こりうるリスクの大部分が水管理に関することを示している。

しかし、気候変動における水資源の役割への低い評価、水管理への投資の低さ、水管理の早期警戒システムの未達、国境を超える水紛争の頻発、水の再生利用の低さなどの課題が列挙されている。ではどうするのか。国際的な取り組みネットワーク作りや水関連の投資問題に言及が少ないのが気にかかることである。本会議の公式ホームページやサイドイベントで取り上げられた水問題を探ってみた。

2. 水管理改善への影響……世界銀行2030水資源グループ

2030年水資源グループ（2030WRG）は、ダボス2008年次総会で発足し、世界の水需要と、そのギャップを埋める提案を支援してきた。2030WRGフォーラムは、設立以来、民間部門、政府、市民団体からの1000を超えるパートナーのネットワークを構築し、14の国/州で運営されている。また1億米ドルの資金調達を促進し、次のような分野で大きな成果を上げている。
- 農業用水の効率化
- 都市の生活用水および工業用水
- 下水処理や排水処理
- 水質管理の改善

これらにより、約1億m^{3}の水資源を節約することができた。2030WRGは現在、バングラデシュ、ブラジル、エチオピア、インド、ケニア、メキシコ、ペルー、南アフリカ、タンザニア、ベトナム、モンゴル、ルワンダ、パキスタンの13ヵ国でプロジェクトを実施している。

3. 国連環境計画（UNEP）……IRPレポート

UNEPが主催するIRP(International Resource Panel：27名の国際的な

2023年次　ダボス会議が開幕
(出所：World Economic Forum Official Site)

河野デジタル大臣（左から二人目）が世界経済フォーラム・セッションに登壇
(出所：デジタル庁Webサイト)

科学者、33の政府関係者、その他水環境グループ）の報告書では、世界に迫りくる危機をくい止めるためには、水資源の使用を経済成長から切り離す取り組みを強化する必要があると述べている。その分離を達成する費用対効果の最も高い方法は、政府が水源から配水、経済的な水利用、治水、水処理、再生水、水環境への配慮など、つまり水循環全体を考慮した水管理政策を計画し、実行に移すことである。具体的な方策としてIRPは次のことを推奨している。

- 水の無駄を減らす研究開発に投資する
- 水利用の効率を改善し、持続可能なインフラの構築
- 水に脆弱なグループを保護しつつ、水需要全体を抑制し、社会に最も有益な商品やサービスを生産するセクターに水の再配分を行う
- 人間の福祉と経済的な発展に対応する生態系サービスと水の価値向上に関する研究の強化
- 仮想水およびウォーターフットプリントなどを評価し国際貿易パターンを使用して、最も水が必要な場所をサポートすること

4. 食料・エネルギー・水の相互作用……パネルディスカッション

政府代表者、企業、市民グループが参画し「食料・エネルギー・水の相互作用」に関し白熱した論議が交わされた。国連食糧農業機関（FAO）のデータによると世界は、現代史上最大の食糧危機に直面しており、世界中で約8億人が飢餓を経験しており、これは世界人口の9.8%に相当し、さらに増加傾向であると警告を発している。パネリストによると、公共部門と民間部門の両者の連携により食料システムの回復力を復元させ、効率的な農業生産の推進を提言している。その提言のなかで、注目されたのが、「小規模農家を支援する戦略」である。今日、飢餓の被害に遭っている人々の多くは小規模の食料生産者である厳しい現実が存在する。世界の農場のほとんど（84%）は、低所得で飢えた農民が所有する小規模農場（2ha以下）である。特にこれから人口爆発が予想されるアフリカ諸国は大変で、世界の農林漁業労働力のほぼ半数（49.7%）を占めるアフリカ諸国の飢餓人口は57.9%である。

2000年以来、世界で最も農業生産成長率を記録しているのにもかかわらず、アフリカは依然として主要な食料輸入国であり、2016年から2018年の統計をみても、必要な食料の85％は輸入に頼っている。ノルウェーの国際開発大臣のアンネ・ベアテ・トヴィンネライム氏は、「小規模農家に投資すべき」と述べ、具体的に小規模農家、特に発展途上国には、農学にもとづく栽培技術や気候変動に対処するノウハウ等を拡げるための投資の必要性を強調している。

5. オランダ……世界の水管理のリーダー

サイドイベントで放映されたオランダの水管理の取り組み紹介ビデオでは、国土の1/3は海面下にある国を守るための高潮などの水害防止施策や、農業を支える下水道からリン回収まで幅広くPRしている。ウクライナ侵攻後、世界中の肥料価格が高騰する中、リン回収は国の重要な施策と位置付けられているのだろう。九州と同じ面積のオランダの農産物輸出額は約1000億米ドル（約12兆円、2020年）を超えている（日本の21年度農林水産物輸出額は約1兆2385億円、農水省発表）。

さいごに

ダボス会議は経済人の集まりであり、目の前の経済対策が重要視されるのは、理解できるが、経済を支えている水の役割（食料、エネルギー、水とのつながり）についての言及が少ないのが気になるところである。来る3月には47年振りに国連ニューヨーク本部で大規模な「国連2023年水会議」（3月23日〜24日）が開催される。筆者も参加予定であり、世界各国の水への取り組み策に注目している。

サイドイベントで放映されたオランダの水管理
(出所：World Economic Forum Official Site)

| 国土の1/3は海面下である | オランダは水管理の世界的なリーダー | アムステルダムは糞尿からリン資源を回収中 |

「水に関する国際的な会議の流れ」・その1

下水道情報（令和5年3月21日発行）

近年、水に関する数多くの国際会議が開催され、様々な宣言や報告書が出されているが、歴史的に大規模な水会議の流れを、2回に分け概観してみたい。

水に関する初の大規模な政府間の国際会議は、今から46年前の1977（昭和52）年にアルゼンチンのマル・デル・プラタで開催された「国連水会議（United Nations Water Conference）」である。同会議では水管理の重要な要素に関する勧告および個別水分野に関する決議「マル・デル・プラタ宣言（行動計画）」が採択された。

1. マル・デル・プラタ宣言（行動計画）……1977年3月

国連主催による初の大規模な政府間水会議で、参加国は116ヵ国、日本から水資源開発公団の山本三郎総裁ら3人が政府代表として参加している。行動計画としては、①水資源の利用可能性を把握すること、②すべての人々が安全な飲料水を利用できるようにすること、③切迫する食糧需給に備え、農業用水の確保、灌漑施設の整備を進めること、④水利用合理化のため、循環利用や再生利用の技術を進め、排水処理による水資源の環境改善—などが宣言され、それ以後の国際的な水会議の源流となった。

2. 水と環境に関する国際会議……ダブリン宣言（1992年）

アイルランドのダブリンで開催された「水と環境に関する国際会議（International Conference on Water and the Environment）」では、次の4つの原則が打ち出された。

原則1：水資源の有限性

水資源は限りある損なわれやすい資源であり、生命、開発、および環境を維持する基本的な資源である。

原則2：参加型による水資源開発・管理

水の開発と管理はすべてのレベルにおける利用者、計画立案者、政策決定者を含む参加型アプロー

チによるべきである。

原則3：水供給・管理・保全における女性の役割

女性が水の供給、管理そして保全に中心的な役割を果たす。

原則4：経済財としての水

水は、あらゆる競合的用途において経済的な価値を持ち、経済財として認識されるべきである。

このダブリン宣言は、その後の国際的な論議において広く受け入れられ、今日に至るまで国際会議の共通基調となっている。同1992年6月にブラジルのリオデジャネイロで開催された「国連開発環境会議（通称：地球サミット、172ヵ国の政府代表が参加）」で採択された「アジェンダ21」の第18章（淡水資源の質および供給の保護）にもダブリン原則が反映された。このアジェンダ21を確実に実施するために、国連憲章第68条に基づき、経済社会理事会に「持続可能な開発委員会（CSD）」が設立され、今日に至っている。

3. 世界水フォーラムの歴史

世界水フォーラムは、1996年に国連教育科学文化機関（UNESCO）と世界銀行が中心となって水分野での研究等を行うために設立された世界水会議（World Water Council）が提唱し、各国政府、国際機関、学識者、企業およびNGO/NPOなどが包括的な水のシンクタンクとして活躍できる場として、3年に一度、世界各地で開催されることになった。

1）第一回世界水フォーラム（1997年3月）：モロッコのマラケシュで開催

マラケシュ宣言では「清浄な水と衛生設備が利用できるという人間の基本的なニーズを認識すること、水分配の効果的な管理メカニズムを確立すること、水資源の有効利用の促進、水利用におけるジェンダーの公平性の確保、住民組織と政府の協調体制の推進などが織り込まれ、次の世界水フォーラムまでの3年間の活動に託されることになった。

国連「持続可能な開発委員会」（CSD）に出席した筆者

2）第二回世界水フォーラム（2000年3月）：オランダのハーグで開催

マラケシュ宣言を受けて、水問題に関わる国際的な機関が中心となり「21世紀のための世界水ビジョン」の策定が始まった。ハーグで開催された第二回世界水フォーラムは、各地で百以上の会合が催され、約1万5千人が参加した。閣僚級会議で「21世紀における水安全保障に関するハーグ宣言」が採択された。

3）第三回世界水フォーラム（2003年3月）：京都・大阪・滋賀で開催

開会式では、フォーラムの名誉総裁である皇太子殿下が挨拶され、さらに「京都と地方を結ぶ水の道」というテーマで、平安京から育まれた京都の水運の歴史について基調講演された。3会場では約340の分科会（参加者約2万4千人）が開かれ、活発な論議や意見交換が交わされた。

日本政府主催による閣僚級国際会議は、京都国際会館において、約170ヵ国・地域と47の国際機関等から閣僚級130名を含む約1800人が出席し開催された。

それらの成果は閣僚宣言に盛り込まれ、主文には「水は環境十全性を持った持続可能な開発、貧困及び飢餓の撲滅の原動力であり、人の健康や福祉にとって不可欠なものである。水問題を優先課題とすることは、世界的に喫緊の必要条件である。行動の第一義的責任は各国にある。国際社会は国際・地域機関とともに、これを支援すべきである」と。宣言文には、全般的な政策方針、水管理と便益の共有、安全な飲料水と衛生、食料と農村開発のための水、水質汚濁防止と生態系の保全、災害の軽減と危機管理などが織り込まれた。

4）第四回世界水フォーラム（2006年3月）：メキシコシティで開催

140ヵ国から約1万9千人の各国政府代表者、国際機関、民間企業、NGO、研究機関の関係者が参加、我が国より皇太子殿下（第三回世界水フォーラム名誉総裁）が開会式で挨拶、翌日には「江戸と水運」と題する基調講演を行った。全体としての成果は「地球規模の課題のための地域行動や持続可能な開発に向けた水問題の重要性、国際合意や約束のさらなる推進のための貢献策

などを謳った閣僚宣言が採択された。

5）第五回世界水フォーラム（2009年3月）：トルコ・イスタンブールで開催

　192ヵ国から約3万人が参加、閣僚級国際会合では156ヵ国から95名の閣僚級が参加した。皇太子殿下は「水と災害」をテーマに基調講演、日本人が培ってきた水に関わる様々な知恵や工夫を紹介し、最後に「今回の世界水フォーラムにおいて、世界の人々が抱える多様な問題についての議論が行われ、安全な飲料水と基本的な衛生施設を持続的に利用できる環境づくりや、水関連災害に強い地域づくりの実現に向けた新たな提言と行動が生み出されることを願っております」と締めくくり、会場から大きな拍手がわき起こった。

6）第六回世界水フォーラム（2012年3月）：フランス・マルセイユで開催

　「水問題解決の時」をテーマとし、約170ヵ国から約3万5千人が参加し、マルセイユで開催された。開会式の後、120ヵ国の閣僚級代表団による閣僚会議が開催され、12の最優先課題（地球温暖化への適応策、グリーン経済と成長、水と衛生の権利の普及、国際河川の協力推進、海水淡水化の将来、水とエネルギーと食料問題など）が討議された。この閣僚会議で、日本は「水関連災害」のテーマ議長を務め、日本の災害対策を国際的にPRした。

　次号では、世界水フォーラム第七～九回までの成果や日本が主導する「アジア・太平洋水サミット」を紹介する。（P136～P141参照）

第五回世界水フォーラムで基調講演を行った皇太子殿下（筆者撮影）

第六回世界水フォーラムのアジア・太平洋地域コミットメント会合で挨拶するアジア・太平洋水フォーラム会長の森元総理（写真中央）
＝筆者撮影

日本水道工業団体連合会（水団連）の視察団と談笑する森会長（写真中央）。左端は水団連の坂本弘道元専務理事、右から二人目が筆者

㉘ 「国連2023水会議」ニューヨークで開催
～世界の水問題解決を目指して～

下水道情報（令和5年4月18日発行）

国連2023水会議（UN 2023 Water Conference）が2023年3月22～24日にニューヨークの国連本部で大規模に開催された。水問題に特化した国連水会議は1977年アルゼンチンのマル・デル・プラタ会議以来46年ぶりである。会議には約170ヵ国の国家元首や閣僚、各国政府代表、科学者、学者、市民社会グループ、民間グループ、ユースの代表および地域・NGOなどが参加した。

会議は公式声明を述べる本会議と5つのテーマ別討議（双方向対話）、4つの特別イベント、さらに国連内部で開催される200を超えるサイドイベントなどで構成された。テーマ別討議は、①衛生に関する水問題、②持続可能な開発に関する水、③気候変動・強靭性・環境に関する水、④協力に関する水、⑤水の国際行動の10年、を軸に展開された。

会議への事前登録参加者数は約7千人（UN事務局調べ）。

1．開会式

アントニオ・グテーレス国連事務総長、今回の議長国を共同で務めるオランダのウィレム・アレクサンダー国王陛下、タジキスタンのエモマリ・ラフモン大統領が出席しスピーチ。グテーレス国連事務総長は「人類にとり最も重要な資源である水が、世界の持続可能性にとり、また平和と国際協力を促進するツールとして極めて重要である」と強調。この会議は「国連加盟国と国際社会の水に関する認識と、それに基づく行動の飛躍的な進歩を示すものになる。今こそが『水行動アジェンダ（Water Action Agenda）』を実現し、水のコミットメントをもたらすゲームチェンジの瞬間となる」と水会議開催の意義を述べた。

2．国連2023水会議……日本の貢献

日本は豊富な水に関する情報発

信を国連の場を通じ、積極的に発信した。

1）水と災害に関する特別会合
……天皇陛下が基調講演

本会議に先立ち21日に開催された「第六回国連・水と災害に関する特別会合」では、天皇陛下は「巡る水、水循環と社会の発展を考える」をテーマに英語で基調講演された。

特に水路や河川の整備が水害や火事の被害抑制に大きく貢献した江戸（東京）の歴史とともに、「江戸の水道網の構築や水の循環使用」、また「江戸の衛生」について述べられた。いわゆる下肥が農産物の生育に欠かせない有効な肥料として経済的な価値を持ち、下肥を江戸城下から運び出し衛生環境を保ったこと、また郊外で下肥肥料で生産された農産物を江戸まで載せてくる「舟運の為の水路網の活用」など、世界でもあまり例をみない「江戸時代には理想とする資源循環型社会が形成」されていたことを紹介。さらに近代の動きとして東京都水道局の羽村取水堰、東京都下水道局の芝浦水再生センター、首都圏外郭放水路など、日本のさまざまな水インフラの創意工夫例を取り上げ、世界が直面する課題解決のヒントは適切な水循環にあるのではないか、との考

挨拶するアントニオ・グテーレス国連事務総長（下段）

えを示され、今回の国連の水会議の成果に大きな期待を寄せられた。（講演ビデオは宮内庁のホームページに掲載されている、約21分間）

2）日本を代表し上川陽子・総理特使が演説

日本の総理特使を務める上川陽子衆議院議員（超党派・水制度改革議員連盟代表）が本会議で演説。「皆さん、お茶は好きでしょうか？」と会場の参加者に呼びかけスピーチを開始。上川議員は自身の出身地である静岡県が昨年の台風15号の被害に見舞われた中で、かつての豪雨災害を教訓に、「行政と地域住民が連携しながら取り組んできた地域対策」が防災・減災に生かされたエピソードを紹介。さらに日本が取り組んでいる「熊本イニシアティブ」を通じた貢献策として、流域治水に関連した気象予測と水インフラ管理の連携、衛星データの高度利用、質の高い水道施設・下水道施設の整備や、健全な水循環の維持・回復に向けた理念と取り組みなど、日本の創意工夫で得られた知識と経験の共有を通じ、日本は国際貢献を積極的に図っていく考えを表明した。

3）気候・強靱性・環境に関するテーマ別会合……日本が共同議長

プログラムのテーマ別討議「気候変動・強靱性・環境に関する水」

国連2023水会議の開幕 （筆者撮影）

では、日本とエジプトが共同議長となった。共同議長として挨拶した上川議員は、エジプトと日本の気候の差を引き合いに出しつつ、気候変動による洪水と干ばつの両極端化に言及し、世界で起こっている共通課題の解決に向けてグローバルに適応できる効果的な枠組みの議論を呼びかけた。続いて国際機関、加盟国、関係機関が適宜コメントする流れで進行、日本水フォーラムの朝山由美子チーフマネージャーは「アジア・太平洋水フォーラム」を代表し、「第四回アジア・太平洋水サミット」の成果である「熊本宣言」の内容を紹介した。

4）サイドイベントで……熊本水サミットの成果を発信

22日には日本水フォーラム主催のサイドイベントが国連本部内で開催され「進むべき道、アジア太平洋地域における強靭で持続可能な包括的な水」をテーマにパネルディスカッションが開始された。冒頭昨年の「第四回アジア・太平洋水サミット」の開催地である、熊本市の大西一史市長が挨拶、「持続可能な発展のための水　～実践と継承～」とのテーマに触れ、多様なステークホルダーとの連携、また次世代の担い手であるユースの参加の重要性を語った。続いて3ヵ国の政府代表とアジア開発銀行（ADB）が事例紹介し、日本政府代表として国交省の時岡利和・国際河川技術調整官が水問題に対する日本の貢献策「熊本イニシアティブ」のフォローアップ状況を説明した。これら日本の取り組みは既に「国連水アジェンダ」に承認掲載されている。

「地下水」特別会合に参加した筆者

「地下水」特別会合（筆者撮影）

ユースセッションで発表する高校生
（筆者撮影）

ユースセッションで挨拶した上川陽子総理特使（右）と大西一史熊本市長（筆者撮影）

5）ユースセッション……持続可能な水管理のための世代間パートナーシップ構築

　ユースセッションは、日本水フォーラム、水の安全保障戦略機構、アジア開発銀行（ADB）、国際協力機構（JICA）、コム・アクア、熊本市などで共催された。本年2月に日本で開催された「水未来会議2023　世代を超えて考える水問題の未来」で選抜され派遣された熊本の高校生が、自ら作成した動画を放映し、水の未来へのメッセージを述べた。会場は立ち見がでるほど盛況であった。

3. SDGs目標6（安全な水とトイレを世界中に）への各国・民間企業の取り組み

　今回の大規模な水会議では、SDGs6に関する多くの討議が展開され、各国政府、国際機関、NGOなどの利害関係者から多くの声明が発表されたが、実践するためのファイナンスの確保が大きな課題として残された。各国の実践資金に対するコミットメント（公約に近い約束）の一部を紹介する。

1）各国のコミットメント
- 米国は気候変動に強いインフラサービス構築に、最大490億米ドルを投資し、かつグローバルな22ヵ国を支援するために7億米ドルを拠出する。
- オーストラリアは、アボリジニへの水の権利を増やすために、水インフラに1億5000万米ドルを投資する。

- デンマークはアフリカにおける越境水管理と開発の強化に、4億米ドルを提供する。
- 日本は「熊本イニシアティブ」に基づきアジア太平洋地域に5年間で38億米ドル（約5000億円）を拠出する。
- エクアドルは灌漑と水環境保全に、6500万米ドルの国家計画を実践する。
- インドは、2030年までにインドの農村部すべての世帯に安全な飲料水を提供するために、500億米ドルの投資を発表。
- 英国は安全な水・衛生へのアクセス・イニシアティブに1850万ポンド（約28億円）の資金を提供。
- アジア開発銀行（ADB）は、アジア太平洋地域の水問題解決へ110億米ドルの投資を約束した。

2）民間企業の支援

スターバックス、エコラボ、レキット、デュポンは米国連邦政府とともに約1億4000万米ドルの水ファンドを創設する。ダノンはグローバルな水基金を設立予定、ザイレムを含む16社は水への研究開発投資に110億米ドルを投入するなどと公表している。

4. クロージングセレモニー

加盟国から、国連の議題に水関連を増やすように呼びかけられた強い要請に対し、グテーレス国連事務総長は「国連水特使」を任命することを発表し、さらに「この会議は、人類の最も貴重な地球共通の利益として、多くの地球規模の課題にまたがるという真実を示し、だからこそ水は世界的な政治的議題の中心にある必要があります」と述べ、参加者全員への謝意を示し、「水の安全な未来への旅に向けて、次のステップへと踏み出しましょう」と呼びかけ閉幕した。

閉会式でテーマ別会合の共同議長（エジプト水資源大臣）に続き、会合の成果を述べる上川陽子総理特使（右）

㉙「水に関する国際的な会議の流れ」・その２

下水道情報（令和５年５月16日発行）

近年、水に関する数多くの国際会議が開催され、様々な宣言や報告書が出されているが、歴史的に大規模な水会議の流れを概観してみたい。

水に関する初の大規模な政府間の国際会議は、今から46年前の1977（昭和55）年にアルゼンチンのマル・デル・プラタで開催された「国連水会議（United Nations Water Conference）」である。同会議では水管理の重要な要素に関する勧告および個別水分野に関する決議「マル・デル・プラタ宣言（行動計画）」が採択。約半世紀後の2023年３月には「国連2023水会議」がニューヨークの国連本部で大規模に開催された（本紙GWN第94回で詳述）。今回はGWN第93回に続き、その２として「世界水フォーラム」第七～九回の成果や日本が主導する「アジア・太平洋水サミット」の成果を紹介する。

1. 世界水フォーラムの歴史

世界水フォーラムは、1996年に世界各国の政府、国際機関、学識者、企業およびNGOにより水分野での研究等を行うために設立された世界水会議（World Water Council）が提唱し、３年に一度、世界各地で開催されることになった。

１）第七回世界水フォーラム（2015年４月）：韓国・大邱（テグ）・慶州

私たちの未来のための水（Water for Our Future）を主要テーマに水資源の持続可能性について論議された。参加国168ヵ国、閣僚会議には各国から約100名の出席、約４万人のフォーラム参加者であった。

その成果としては、以下について論議され、水問題について総合的なアプローチが提唱された。

- 国際的な水資源マネージメントの重要性の確認
- 水の枯渇や水不足に直面する地

域に対する支援体制と支援の約束
- 水と気候変動、都市問題と水資源、食料と水との関連性

日本からは太田昭宏国土交通大臣が、フォーラムの閣僚会議に出席、「統合水資源管理に関する閣僚円卓会議」で議長を務め、各国の水資源管理の体制強化、技術開発や制度整備の重要性について議論が交わされた。

日本の貢献では、皇太子殿下が

第七回世界水フォーラム
メイン会場の大邱EXCO

日本パビリオンを訪れたVIP
（左から二人目が筆者）

ビデオメッセージで「人々の水への想いをかなえる」と題し、日本が水とともに歩んだ歴史を述べ、「人々の知恵と工夫がより良い科学技術を生み、安全で豊かな、私たちの未来の水へと発展することを確信してます」と締めくくった。

日本パビリオンでは、台風接近にも関わらず、日本企業の関係者が沢山集合し、盛り上がりを見せた。閉会式では約１千名の出席で「大邱・慶州実行宣言」を採択し、水の安全保障、開発と繁栄、持続可能な水資源管理、実現可能な履行メカニズムを約束し閉幕した。（GWN第１回（本紙1790号：平成27年４月28日発行）で詳述）

2）第八回世界水フォーラム（2018年３月）：ブラジル・ブラジリア

水の共有（Sharing Water）をテーマに閣僚級会議やハイレベルパネル「水と災害」などが展開された。172ヵ国から約12万人の参加であった。皇太子殿下は開会式にご臨席のあと、午後から「水と災害」ハイレベルパネルにおいて「繁栄・平和・幸福のための水」と題する基調講演を行い、300名

第八回世界水フォーラム　日本水フォーラムが「地域プロセス」グループのコーディネーターを務めた（写真提供：日本水フォーラム）

を超える聴衆から大きな拍手がわき起こった（講演資料は宮内庁のHPに掲載）。閣僚会議では、秋本真利国土交通大臣政務官がスピーチを行った。

第八回世界水フォーラムの成果は次の通り。
- 水に関する最新の政策や取り組みの共有
- 水課題の解決策に繋がるアプローチ、アイデアの創出
- 持続可能な開発目標（SDGs）に向けた取り組みの推進、特にSDG 6 目標の水に関する取り組みについて具体的な行動指針を策定した
- 水に関する国際法の整備に向けた具体的な提言が行われた

特筆すべき事項は、今までの各国の推進目標や努力義務などについて、世界に共通する国際法の推進や制定に向けた論議が始まったことである。
（GWN第36回（本紙1867号：平成30年5月8日発行）で詳述）

3）第九回世界水フォーラム
　　（2022年3月）：セネガル

本来なら2021年の開催予定だったが、コロナ禍による一年の開催延期を受け、サブサハラ・アフリカ地域で初めての開催となった。テーマは「平和と発展のための水の安全保障」（Water Security for Peace and Development）で4つの優先課題（水の安全保障と衛生、農村開発、協力、手段とツール）、さらに約90のテーマセッション、ハイレベルパネル、約52の特別セッションが展開された。開会式では

天皇陛下のビデオメッセージが放映された。日本水フォーラムはテーマ別セッションで、日本を含むアジア・太平洋の取り組みに関する情報発信や、官民一体となった日本ブースの企画運営およびユース活動に関する情報発信、「京都世界水大賞2022」の授賞式を行った。閉会式では「ダカール宣言」として包括的なアジェンダを採択した。

- 水と衛生に関する目標を達成するためには、国際社会全体の取り組みが必要である
- 水資源管理には地球全体にわたる包括的なアプローチが必要であり、地球規模での協力が必要である。
- 水資源管理において、地方自治体や市民社会、水利用者が重要な役割を果たし、女性や先住民族などの社会的弱者の利益を守ること
- 目標を達成するためには、技術革新、技術移転、そして適切な資金調達が必要である
- 次世代の利益を考慮し持続継続的な資金管理を行う

このダカール宣言は、今後の水資源の管理に関する包括的な国際的な枠組みを確立するための重要な一歩となった。

第十回世界水フォーラムは、2024年5月にインドネシアのバリ島で行われる予定である。

2. アジア・太平洋水サミット

アジア・太平洋水サミット（Asia-Pacific Water Summit）はアジア・太平洋水フォーラム（APWF事務局：日本水フォーラム）が主催し、アジア・太平洋地域の各国首脳や国際機関の代表などハイレベルの参加者が、アジア・太平洋地域の水に関する諸問題について、幅広い視点から議論を行う国際会議である。第四回世界水フォーラム（2006年3月メキシコ・シティ）の席上、橋本龍太郎元首相によってアジア・太平洋水フォーラムの設立が宣言され、同年9月にフィリピン・マニラでAPWFの発足記念式典が行われ、第一回アジア・太平洋水サミットの開催が決定された。

1）第一回アジア・太平洋水サミット（2007年12月）：日本・大分県別府市

水の安全保障：リーダーシップと責任（Water Security: Leadership and Commitment）をテーマに大

分県別府市で開催、アジア・太平洋地域の47ヵ国から政府首脳や国際機関の代表のほか、企業、地方自治体、学会、メディアなど多くの代表が参加。首脳級会合、ステークホルダー会合、分科会、テーマ別会合、シンポジウム、学生サミットなどが行われた。

2) 第二回アジア・太平洋水サミット（2013年5月）：タイ・チェンマイ

タイのチェンマイ国際会議展示場で開催された。主要テーマは水の安全保障と水災害への挑戦（Water Security and Water-related Disaster Challenges: Leadership and Commitment）。最終日にはチェンマイ宣言が採択された。

- 水は持続可能な開発において、中心的な位置である
- アジア・太平洋地域は世界的にも災害多発地域であり、洪水や干ばつを含む水関連災害の強度、頻度が増し続けている。自然災害による死者数および経済的損失を削減する
- 水に関わる開発および管理に係わる意思決定は、水の使用者、計画担当者、政策決定者など、すべてのレベルの人々を含んだ、参加型アプローチで行われるべきである
- 持続可能な農業生産拡大には、水資源の効率的な運用、開発と運用が総合的に行うべきである

3) 第三回アジア・太平洋水サミット（2017年12月）：ミャンマー・ヤンゴン市

開会式ではアウン・サン・スー・チー国家最高顧問による開会挨拶と、各国国家元首・大臣級による基調講演が行われた。ヤンゴン宣言には、水の重要性、持続可能で健全な水資源管理の必要性、水に関する国際的な枠組み支援、技術革新と投資の促進などが織り込まれた。

（GWN第33回（本紙1860号：平成30年1月30日発行）で詳述）

第三回アジア・
太平洋水サミット会場での筆者

第三回アジア・太平洋水サミット　閣僚級参加者
（中央はミャンマーのアウン・サン・スー・チー国家最高顧問兼外相（当時））

4）第四回アジア・太平洋水サミット（2022年4月）：日本・熊本市

熊本宣言では、水の持続可能性についての取り組みの強化、強靭性、持続可能性、包摂性を兼ね備えた質の高い社会への変革を目指すためにガバナンス、科学技術、ファイナンスの強化などが織り込まれた。
（GWN第82回（本紙1963号：令和4年3月8日発行）で詳述）

さいごに

今後も、気候変動や人口の増加などによる水資源の枯渇や水汚染など、グローバルな水問題はますます深刻化していくことが予想される。そのために国際的な水に関する会議や水サミットは、持続可能な水資源管理に向けた国際的な協力や各国の水政策の策定に大きく貢献することが期待されている。

四回アジア・太平洋水サミットの会場となった
熊本城ホール
（=矢印／出所：熊本市ホームページ）

第9回 IWA-Aspire（国際水協会・アジア太平洋地域）会議 台湾・高雄で開催

下水道情報（令和5年11月14日発行）

国際水協会（IWA）[1]による第9回アジア太平洋地域（Aspire）会議・展示会が10月22日〜26日に台湾・高雄市で開かれた。メインテーマは「スマートシティに向けた統合的な水資源管理・One Water for Smart Cities」で約500件の口頭・ポスター発表、76団体による展示・基調講演やワークショップが展開された。"One Water"とは、これまで個別のシステムやプロセスで管理されてきた水資源（河川水、地下水、雨水、排水など）を一つの水資源と見なす新たな概念で、持続可能な水利用をスマートシティに適応させる考え方である。

この会議は、第二代IWA会長の故丹保憲仁・北大名誉教授（第15代北大総長）の強い働きかけにより、別々に開催されていたIWSA（国際水道協会）とIAWQ（国際水環境協会）が合併（1999年8月）し、新しくIWA-Aspire会議と命名、IWA世界会議と交互に隔年で開催され、アジア太平洋地域における水に関する産・官・学の専門家が集結し議論を深める場である。

[1] IWAは、英国ロンドンに本部を置く非営利機関で世界165ヵ国（IWA支部140）に、約9000名の個人会員、約600の団体会員（水道事業体、研究機関、水関連企業）を有している。

1. 会議の概要

期間：2023年10月22日（日）〜26日（木）

開催地：台湾・高雄市（居住人口約270万人）

会場：高雄マリオットホテル

テーマ：One Water for Smart Cities

来場者：約2000名（展示会含め）

会議登録者：約1300人（36ヵ国・地域から）

発表数：総計501件（口頭発表348、ポスター153）

国別発表数：台湾220、日本101、中国50、韓国39など

第9回 IWA-Aspire（国際水協会・アジア太平洋地域）会議台湾・高雄で開催

IWA-Aspire開会式

- 発表内容の詳細は、IWA-AspireのWebサイトを参照してください（https://iwa-network.org/）。

2. 開会式

トム・モレンコフIWA会長が演壇に立ち、来場者に歓迎の意を述べたあと、Aspireの創立と発展拡大に貢献した元IWA会長で、今年8月に逝去した丹保憲仁北大名誉教授の功績について言及。「丹保元IWA会長が、新たな水マネージメントの手法や最新の水技術の研究開発を推進し、社会実装に少しでも近づくため大きなプラットホームを我々に与えてくれたことに、深く感謝を申し上げたい」。さらに「私たちが住む都市は、こ

トム・モレンコフIWA会長の挨拶

れまでにないほどハイスピードで進化している。今こそ、都市を支える水管理のあり方について議論を深めるべきで、私たちの行く手には大きな課題とチャンスが広がっている」と述べた。

開催地を代表し、チェン・チーマイ高雄市長は「水の持続可能性に関する最新動向を論議する、重

143

要な会議に参加する多くの専門家、研究者、政策立案者の皆様を、この高雄市にお招きできたことを大変嬉しく思う。高雄市では気候変動対策として、政府とともに水資源の多様化に取り組んでおり、再生水のプラントの整備や地下水、伏流水の活用などを検討している」と話した。

タン・アン・ウー台湾内政部事務次官は台湾における下水処理場の現状について「公共下水道の処理区域は国内の約42％、汚水処理人口普及率は約70％で、国内81ヵ所の下水処理場のうち、16ヵ所で下水再生水プラントの整備を進めている。現在、全国での下水再生水の製造量は一日当たり12万3500tだが、16施設がすべて完成すれば62万t/日の製造が可能になる」と言及。

筆者が最も感銘を受けたのは、メイ・ファー・ワン（王美華）台湾経済部大臣の基調講演である。「パンデミック（新型コロナウイルス）の中、世界中から台湾の半導体製品の購入を呼びかけられたが、台湾は、その要求に応えられなかった。その理由は、台湾には毎年複数の台風が上陸している

が、2020年には台風が一つも上陸せず、台湾南部の貯水池では貯水率が20％を下回るほど水不足が深刻になり、半導体工場の稼働率が低下したからだ。今年も干ばつ傾向にあるが、台湾経済を支える半導体産業向けに豊富な水資源を用意することは、経済部の最重要課題である。私は豊富な水資源供給のために特別チームを編成した」。今回の会議を通じ、「皆さんと革新的な水供給のための、経験、知識、技術を共有し、台湾が誇るICT技術と蓄えられたデータ※を基に、台湾のみならず世界に貢献する半導体産業向け水供給のあり方を構築したい」と力強く演説した。

※2　台湾の水管理データは、経済部水利署が管轄している。

3. ジャパンパビリオンの活躍

展示会では、日本水道協会による「ジャパンパビリオン」が設置され、23日のオープンから盛況となった。「Sustainable Development with Japan's Technology」をテーマに14団体がパネル展示やオーラルスピーチ、ビデオ上映などを行った。

出展団体：東京都水道局、東京都下水道局、東京水道、大成機工、日本ヴィクトリック、日本ニューロン、日本鋳鉄管、コスモ工機、水研、キッツ、栗本鐵工所、日本下水道新技術機構、日本水道工業団体連合会、日本水道協会（14団体）

4. 国際水協会（IWA）トム・モレンコフ会長へ単独インタビュー

旧知の仲であるトム会長へ単独インタビューを行い、基調講演で話されたSDGsの達成に向けた課題や、日本へ対する期待などを伺った。

1）SDGs、ゴール6「安全な水とトイレを世界中に」の達成について

目標年の2030年まで、あと7年、残されたこの短い期間に目標を達成することは、非常にチャレンジングなことです。しかし「水と衛生」の重要性は高く、止めるわけにはいけません。最も大きな課題は各国の能力開発です、多くの新興国では安全な水供給や衛生問題解決が、その国の経済発展や社会の安全や健康に果たす役割におい

メイ・ファー・ワン
台湾経済部大臣

ジャパンパビリオン

筆者（左）とトム・モレンコフIWA会長

て大きく誤解され、後回しにされる例が多く見られる。私たちは新興国の人々に向け衛生改善の基礎について、より意識を高めていく必要があります。さらに新興国の人々が水に関する課題を自ら解決できる能力を高める必要もあります。能力開発は、私たちが資金提供や施設を建設すること以上に重要と考えています。

2）日本の水処理技術やノウハウによる海外貢献についての印象は

日本は長年にわたり水に関して科学的な研究や教育の面で、重要な役割を果たしてきたと認識しています。東南アジアや、ここ台湾においても日本は多くの知見を与え、地域間の友好関係の構築にも貢献してきたと思います。特にアジア太平洋地域の国々にとり、開発に対するバランスの取れたアプローチが求められており、日本の支援の素晴らしさは、他国と違い「条件付きでない」点にあります。次回のIWA-Aspireは2025年10月に、ニュージーランドのオークランドで開催されますので、さらに日本の海外貢献に期待しています。

5. 高雄リンハイ水資源再生センター視察

台湾で最初に建設された下水処理水を工業用水に転換する水資源再生センターを視察。リンハイ地区の工業団地へ日量3万3千tの下水処理再生水を給水している。この処理場の素晴らしさは、活性汚泥処理にMBR膜を採用、その後、海水淡水化に用いられるRO膜（逆浸透膜）を使用し、イオン類まで完全に除去し工業用水化していることである。製造された工業用水は、近隣の中国製鉄（2万t/日）や中国石油化学（1万t/日）などに供給されている。

将来は下水処理量を10万t/日に、再生水供給は6万t/日を目指している。

さいごに

台湾財政部によると、台湾の2022年の貿易額は輸出が前年比7.4％増の4795億ドル、輸入が11.9％増の4276億ドルで、いずれも過去最高額を更新している。商品別輸出では、電子部品、鉱産品、情報通信機器が増加した。このような背景から台湾経済を支えてい

る半導体産業向けの水資源確保が国の最重要課題の一つであることが推察される。

　台湾の展示ブースも盛況で、素晴らしいのは筆者のような日本人がブースに立ち寄ると、まず日本語で「こんにちは」と挨拶し、それから流ちょうな英語で説明する係員が多いことである、台湾では幼稚園から英語を学んでいる。

　台湾ブースで台湾国立成功大学の陳緻紘博士と会話。台湾は16ヵ所の再生水プラントの建設に736億元（約3600億円）を投資している。さらに陳博士は雑談の中で、「台湾のグローバルな活躍の土台は、日本が台湾を統治した時代に『道路、水道や下水道のインフラ構築、学校教育、衛生教育の徹底な ど』を強力に推進したお蔭である」と明確な歴史認識を示し、「台湾（人口2330万人）の将来は海外への飛躍である」と夢を語ってくれた。日本人として嬉しい限りであった。

【写真はすべて筆者撮影】

RO膜（逆浸透膜）で再生水製造

リンハイ水再生センターテクニカルツアーの一行
（多国籍グループ）

第10回世界水フォーラム　バリ島で開催

　世界水フォーラムは、3年に一度、世界中の水関係者が一堂に会し、地球上の水問題解決に向けた議論や展示が行われる世界最大級の国際会議である。第10回目を迎えた世界水フォーラムは世界水会議（WWC）およびインドネシア政府の主催でバリ島・ヌサドゥア・コンベンションセンターで1週間の会期（2024年5月18日～5月25日）で盛大に開催された。会議登録者は160カ国から約2万人、部門別特別セッションは279、展示会場では254の展示があり7日間で64,000人の訪問者が記録された。（数値はWWC事務局発表）

　会議のメインテーマは「繁栄を共有するための水（Water for Shared Prosperity）」のもと、①水の安全保障と繁栄、②人類と自然の為の水、③災害リスクの軽減と管理、④ガバナンス、協力と水外交、⑤水分野における持続可能なファイナンス、⑥知識とイノベーション、など6つのサブテーマに沿った議論が展開された。

世界水フォーラム　会場風景

第10回世界水フォーラム　バリ島で開催

日本の貢献として、天皇陛下は、2023年6月天皇皇后両陛下のインドネシア御訪問の際に視察された国立博物館展示の水関連施設等の、ご自身で撮影された写真を示しながら、英語でビデオ解説「世界の水の現状は楽観視できるものではない」とし「衛生や災害など水をめぐる議論への深まりを期待します」と締めくくり会場から大きな拍手が沸き起こった。

（＊講演の詳細は宮内庁のウエブサイトでご覧ください）

1．開会式

インドネシアのジョコ大統領は、食料、和平、そして生命と直結する水の重要性、水問題における地域ごとの精神的側面、文化的な側面への配慮に触れ「水はバランスを象徴している」との考えを述べ、水問題解決のキーワードとして「争いを避けた協調」、「技術と資金の包括的な協力」、「繁栄の水共有への支援」などを挙げ、継続的な連携を参加者に呼びかけま

天皇陛下の基調講演

【写真はすべて筆者撮影】

能登半島地震被害　ご視察

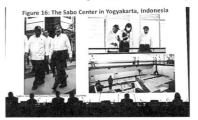

インドネシアご訪問（2023年6月）

149

した。その上で次期大統領に決まっているプラボウォ・スビアント国防大臣を紹介し、こうした考え方を引き継ぎ、インドネシアが水問題解決に向けて、継続性を持った連携を実現してゆく方向性を世界にアピールした。ジョコ大統領は首脳級会合の席上でも「水は単なる自然の産物ではなく、コラボレーション（連携）の産物である」と連携強化の重要性を強調した。

WWCのフォーション会長は、参加者を平和的に戦う「世界の水の戦士」と例え、水の安全保障政策の推進、革新的な節水、流域レベルのNature-based Solutionへの適応、自国の憲法に「水への権利」の明記を述べ、次回国連会議で発表される「Money For Water」連合の創設、気候変動基金の水問題解決への充当、多国間協力による真の水外交など7つの実現に向けて行動と協力を「水の戦士」、特に未来を担う若い参加者に呼びかけました。

2．日本からの情報発信

水行政を所管する国土交通省の各機関や大学、民間の研究者、民間企業からの専門家が約40のスペシャルセッションに参画、積極的な情報発信に努めた。

1）ハイレベルパネル会合

土木研究所水災害・リスクマネージメント国際センター（ICHARM）の小池俊雄センター長、政策研究大学院大学の廣木謙三教授が進行役とファシリテーターを務める中、水防災における科学技術と情報共有の有り方について議論が展開され、スピーカーとして登壇した国土交通省・こやり隆史政務官は、政策、技術、国際貢献の観点で日本の取り組みを解説し、特に国際貢献では、2022年熊本で開催された「第4回アジア・太平洋水サミット」で岸田文雄首相が発信した「熊本イニシアチブ」、さらに2023年3月、ニューヨーク国連

ハイレベルパネルで発言する
国土交通省・こやり政務官

本部で開催された「国連2023水会議」で、現在外務大臣を務める上川陽子議員が総理特使として世界に発信した内容を紹介した。

2）日本パビリオン…健全な水循環を世界に発信

　日本パビリオンのオープニングには、正木靖・駐インドネシア全権大使、内閣官房水循環政策本部の中込淳事務局長（国土交通省水管理・国土保全局　水資源部長）、東京大学・沖大幹教授（日本水フォーラム副会長）が参加し挨拶、来場者には琴の演奏の中、抹茶がふるまわれ、その後、展示ブースでは多くの来場者で賑わった。また会期中、日本パビリオンでは、特別協賛の旭酒造の協力による「獺祭ナイト（ジャパン・ナイト）が3日間連続で行われ、世界的に人気が沸騰している「獺祭・純米大吟醸酒」が来場者に振る舞われ、日本酒の文化を、世界に発信するサロンとして、大きな貢献を果たした。

熊本・大西市長（日本下水道協会会長）と

国連大学の学友
左から東大沖教授、ダニエル博士（ドイツ）、筆者

来場者で賑わう日本パビリオン

琴の演奏でもてなし

3）日本水フォーラム（JWF）…アジア太平洋地域の重要性を強調

　地域別プロセスの論議のスタートは気候変動と流域管理で、日本水フォーラムの副会長で東京大学の沖大幹教授は、気候変動がもたらす水の変化の中で、日本が目指す「健全な水循環、河川流域一体で取り組む重要性」を示し、地域間の知見、経験の情報共有の場として、今回のセッションの成果に期待を述べた。日本からは国土技術研究センターの田中敬也氏、京都大学の角哲也教授が事例発表。その後のパネルディスカッションでは「既存ダムを活かした防災対策、気象予測と連携するダム管理」などの取り組みを解説した。さらにテーマ別セッション「持続可能な水ファイナンス」では、JWFの石渡幹夫理事（JICA国際協力専門員）が登壇し、アジア太平洋地域のインフラ投資の歴史と現状について話題提供をしたあと、日本における国、地方公共団体、地域コミュニティとの財政の関係性、水防団の事例を紹介し、市民協働の重要性を強調した。東京大学の沖教授は、世界の多様性に適用できる考え方の一つとして、自身が関わった「水みんフラ―水を軸とした社会共通基盤の新戦略―」を紹介し、あらゆるステークホルダー（国、地方自治体、民間企業、市民、NGO/NPOなど）にその国の歴史、文化を踏まえた、それぞれの役割を果たす、実践を促すアプローチの事例紹介を行った。

4）若者（ユース）の意義ある参加…日本から高校生が登壇・事例発表

　熊本の水サミットをきっかけにスタートした活動「ユース水フォーラム」では昨年度、全国の高校から応募があった中、代表2校（北海道富川高校、福岡工業大学附属城東高校）が選抜され、プレゼンコーナーでユースセッションが実施され、国内外のコメンテーターとの対話も行われ、日本側から、こやり隆史国交省政務官、熊本市の大西一史市長も対話に参加しました。

5）京都世界水大賞の2024授賞式…インドネシアNGOが受賞

　京都世界水大賞は、第三回世界水フォーラムが日本で開催（2003年）されたことを契機に創設されたもので、閉会式に先立ち、通算7回目となる京都世界水大賞2024の授賞式が行われた。今回は30カ国から70件の応募の中からインドネシアNGO・YSC代表イファ・レミ氏へ、日本水フォーラム副会長沖大幹教授、世界水会議のサッチイ教授、そして協賛代表として旭酒造株式会社代表取締役社長・桜井一宏氏から賞金と記念品が贈られました。和服姿で挨拶した桜井社長は「YSCの皆さんは水環境を変えようと挑戦をしている、私は酒造りを通じて挑戦を応援できることを喜びに思う」と語り、会場から大きな拍手が沸き起こりました。

3．閉会式

　WWCのフォーション会長は、世界が抱えている水問題を「自然、健康、食料、多様性、権利、政治、若者、外交等」のキーワードを挙げながら解決策を大きく推進する場を提供してくれたインドネシア政府に感謝を示しました。

　次回の「第11回世界水フォーラム」の開催地は2027年サウジアラビアのリヤドで開催することが発表され、六日間のバリ島でのフォーラムが閉幕した。

京都世界水大賞2024授賞式

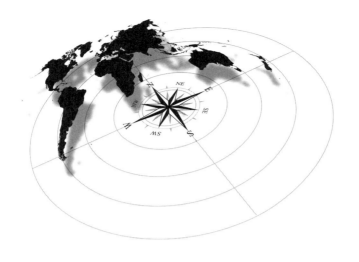

第四部

世界の環境

32

日本の水資源が危ない！
地球温暖化で積雪7割減少

下水道情報（令和3年2月9日発行）

　年末年始に日本海側の各地に大雪警報が発令され、新潟、秋田県などが、いわゆる「ドカ雪」に襲われた。予想外の豪雪で、除雪が間に合わなく、昨年末には「関越自動車道で大雪により最大時約2100台の車が立ち往生」のニュースが全国を駆け巡った。

　本来なら「地球温暖化の影響で、日本全国の降雪量の総量は減少」しているはずだが、短期間に一気に降る「ドカ雪」は逆に増加すると予測されている。気象庁がまとめた長期積雪予測では、このまま地球温暖化防止対策をとらなければ、気温が4℃上昇し、日本国中で積雪量が約7割減少するとしている。なぜ積雪量の減少が日本の水資源に大きな影響を与えるのか。

　日本の冬はシベリアから寒気が噴き出し、日本海から水蒸気を得て、日本列島の脊梁山脈にぶつかり日本海側は大雪になり、逆に太平洋側は乾燥が続く。これが日本の典型的な冬気候である。日本を縦断する背骨である脊梁山脈に積もった雪は、春先になり溶けて川に流れ込むが、当然日本海側だけではなく、太平洋側の河川にも流れ込んでいる。つまり雪に縁のない太平洋側に住んでいる人々にとっても「積雪は天然のダム」であり、極めて貴重な水資源となっている。では世界と日本の積雪の変化をみてみよう。

1. 世界の積雪量

　気候変動に関する世界的な報告書「IPCC第5次評価報告書（2014年）」では地球温暖化の科学的な根拠として次のように報告されている。

1）世界の平均気温は1880年から2012年の間に0.85℃上昇し、1850年以降のどの10年平均より暑い年が続いた。

2）過去20年にわたり、グリーンランドおよび南極の氷床は減少しており、氷河は世界中で縮小している。

3）北半球の雪や氷は高い確信度で減少し続けている、特に北極域の海氷や北半球の春季の積雪面積は減少し続けている。

4）永久凍土の温度が上昇している。特に1980年初頭以降、ほとんどの凍土地域で上昇している。

つまりIPCC第5次の報告では、世界中の積雪量や氷河、氷床が年々、減少し続けていることが明確に述べられている。

2．日本の積雪量

東北大学などのチームが米国の地球物理学連合の論文誌に発表（2019年12月）した内容によると「地球温暖化が進むと、東北から中部、北陸地方の山岳地域で豪雪時の降り方が強くなる」。これは空気中の水蒸気が増える上、シベリアからの寒波の影響が強まるのが原因としている。今世紀末には世界の平均気温が産業革命前より4℃上がると予測し、年間で最も雪の多い日の雪の降り方を5km四方ごとに計算した結果、秋田、福島、山形、富山、石川、新潟、岐阜、長野などの山岳地域では、

典型的な冬型天気図　（出所：気象庁ホームページ、衛星写真）

積雪量が一日で60cm以上になる
確率が、2％から12％に増える結
果となった。しかし単純に積雪量
が毎年増えるとも言えない報告も
ある。

気象研究所、東北大学、海洋研
究開発機構および長野県環境保全
研究所のグループは、水平分解能
1kmという中部山岳地域の複雑
な地形を再現できる超高解像度の
予測計算から「雪が多く降る年は
より多く、あまり降らない年はよ
り少なくなる可能性」を示してい
る。つまり地球温暖化の影響によ
り冬の積雪量は現在よりも、さら
に上下幅が極端になる予測を示し
ている。

3．平均気温の上昇と積雪量

気象庁が本年1月4日「2020年
の日本の天候のまとめ」を発表し
た。それによると、年平均気温は
全国的に高く、特に東日本では平
年値（2010年までの30年平均）を
1.2℃上回り、1946年の統計開始
以来、過去最高を記録した。年降
水量も豪雨に見舞われた九州北部
で平均値より33％、九州南部で
20％多く、近畿の太平洋側で
19％、沖縄で18％、山陽で16％、

東北日本海側で15％、四国で15％
とそれぞれ多かった。では降雪量
はどうだったのか。昨年の冬は冬
型の気圧配置が続かなかった影響
で東・西日本の冬季平均気温が統
計開始以来、最も高くなり、その
影響で降雪量が少なくなり、北日
本、東日本の日本海側の積雪量は
最も少ない記録を更新している。

4．日本の水資源と積雪との関係

最近20年から30年間は、少雨の
年と多雨の年の年降水量（雪、氷
などを含む）の開きが次第に大き
くなってきている。

1）水資源賦存量

国土交通省の「日本の水資源の
現況・令和元年版」によると、昭
和40（1965）年頃から少雨の年が
多くなっており、平成30（2018）年
の我が国の年降水量は約1764mm
で「平均年水資源賦存量」は約
4200億m³/年である。しかし10年
に一度程度の割合で発生する少雨
時の水資源賦存量は約2900億m³/
年（平均賦存量の69％）で、この
数字は「渇水年水資源賦存量」と
呼ばれている。

平均年水資源賦存量に対する渇

水年水資源賦存量の割合は、地域差が大きく、近畿、山陽、四国、九州や沖縄では小さく、北海道、東北、関東、北陸、山陰では大きくなっている。

2) 積雪は日本の貴重な水資源……天然のダム

積雪は天然のダムと言われ、春先の融雪水は灌漑用水として重要な水源であり、初夏までに、ゆっくりと溶け出す融雪水は、河川水や地下水源の貴重な安定した供給源である。その積雪量が年々、減少している。例えば山形県の飯豊山(いいでさん)（標高2105m）では、北股岳東斜面で越年性残雪は30～50m（1974年観測）だったが、最近では10～20mに減少。豪雪地帯で有名だった、ふもとの飯豊町(いいでまち)でも減少傾向を示している。

では、積雪がどれだけの表流水や地下水を生み出しているのか。毎年気象条件が顕著に変化し、また地域条件により大きく異なっているので難しいが、観測地点のグリッドを、さらに細分化しコンピューター解析で確実性を求めていく必要がある。

さいごに

地球温暖化の進行により、貴重な水資源となる積雪量の減少は、将来の日本の水資源賦存量（特に渇水時）にも大きな影響を与えることが予想される。地球温暖化防止策として我が国の成長戦略「2050年のカーボンニュートラルに向けた総合経済対策」の推進は勿論のこと、革新的な地球温暖化防止の技術開発に向けた支援や、その成果の社会実装、エネルギー分野の変革、製造業の構造転換などに果敢に取り組み、日本が世界を主導するグリーン社会の実現が待たれている。

山形県飯豊町(いいでまち)の積雪（2021年1月31日）

水素社会の構築
～水無くして水素なし～

下水道情報（令和3年9月21日発行）

　SDGs（持続可能な発展）を目指して、世界中で再生可能エネルギーを活用し、水電解装置を利用した水素発生装置の研究・開発・実証試験が精力的に推進されている。

　日本でも経産省・NEDOの国家プロジェクトや、各メーカーが水素開発に鎬を削っているが、3倍速で動いている世界から、「水から水素発生」の実用化で周回遅れのマラソンにならないように、早期に世界の動きを察知するとともに、実用化に向けて開発推進を加速することが求められている。

　2020年10月、日本（菅政権）は「2050年カーボンニュートラル（以下CNと略す）」を宣言した。今までの地球温暖化への対応を経済成長の制約やコスト・ファーストとする時代は終わり、CNを成長の絶好の機会と捉え、「発想の転換」や「事業の変革」を積極的に行い、次の大きな成長に繋げる。さらに昨年末には「グリーン成長戦略」が掲げられ、2050年CNに向けた高い目標として「水素社会の構築」が盛り込まれた。水素の位置づけと、その社会実装への道筋は、①日本のエネルギー政策的な観点（水素の直接利用での脱炭素化、化石燃料をクリーンな形で有効活用、水素からアンモニアや合成燃料の生産など）、②日本の産業政策的な観点（水素社会構築に向けて日本企業の産業競争力の強化、水素新市場における経済成長促進、水素社会での雇用の促進）などである。

　では競争力のある水素製造は、どうあるべきか。今世界の流れは「再生可能エネルギーを用いた水の電気分解による水素発生」である。

1. 水素には色がある

　水素の色付けは、水素を発生させるプロセスや、原料によって便宜的に呼称が付けられている。
1) グリーン水素：再生可能エネルギーを用い、水を電気分解して水素を作る。再生可能エネル

ギーを使うためにCO_2を発生しない。

2）ブルー水素：化石燃料からCO_2を回収して、それを原料として水素を作る。CO_2の発生量を減らすことが出来る。

3）グレー水素：化石燃料で水素を作る（天然ガスの改質、ナフサ分解時の副生成物）。グレー水素を1t製造すると10tのCO_2が排出されるが、経済的には最もコストがかからない。

4）ブラウン水素：グレー水素の仲間であるが、特に石炭由来の水素を示す。

5）パープル水素：原子力で水素を作る。

これら水素の色付けはEU諸国で多用されているが、CO_2削減を語る時には、そのライフサイクルを考え判断しなければ誤りである。例えば再生可能エネルギーの代表格である太陽光発電パネル、発電時はCO_2の排出量ゼロに寄与するが、そのパネル製造工程（シリコンの採掘、運搬、溶解、パネル製造、配線材の蒸着など）や寿命後の廃棄物処理などで削減量以上にCO_2を発生しているとの論議も巻き起こっている。

2. 再生可能エネルギーのコスト比較

国際再生可能エネルギー機関（IRENA、2011年設立）が2019年に全世界1万7000件のプロジェクトから収集したデータによると、2010年を100とした場合、①太陽光発電（PV）発電コストは82％低下し、②集光型太陽熱発電は47％、③陸上風力発電は39％、④洋上風力発電は29％低下している。

また2019年に新規導入された大規模な再生可能エネルギーの発電設備容量の56％は、最も安価な化石燃料による発電コストを下回っている。2019年に操業した大規模太陽光発電の単価は、0.068米ドル（7.48円）/kWh、陸上風力発電は0.053米ドル/kWh（5.83円）、洋上風力は0.115米ドル（12.65円）/kWhになったと報告されており、日本の再生可能エネルギーとのコスト差は年々、拡大している。

再生可能エネルギーによる発電の競争力が向上する中、そのモジュール式の容易性、迅速な規模拡大、雇用創出の相乗効果も相まって、世界各国、地域が経済刺激策を検討するうえで、再生可能

再生可能エネルギーのコスト比較（各種資料からGWJ作成）

種類	EU （2019年実績）	日本 （2021年度*）	倍率 （日本/EU）
事業用太陽光発電	7.48円/kWh	11円/kWh+税	1.47倍
陸上風力発電	5.83円/kWh	17円/kWh+税	2.92倍
洋上風力発電	12.65円/kWh	32円/kWh+税	2.53倍

※FIT制度による買取価格

エネルギー採用が大きな魅力になっている。再生可能エネルギー分野での雇用は、2050年までに、今日の水準の４倍に相当する4200万人に増加し、エネルギー分野全体の雇用は、今日より４千万人増加し１億人（2050年時点）に達するとみている。

　EUの積極的なエネルギー政策に比べ、日本は周回遅れのエネルギー政策である。電力は、すべての産業のコメであり、電力コストが安くならなければ水素も安くならない。

3. 水素発生用・水電解装置

　水素発生で最も安い原料は水であり、地球上に海水も含め普遍的に存在する。世界の水素発生用・水電解装置の流れは、大きく３分野に分けられる。
１）アルカリ水電解型
２）固体高分子電解型（PEN型）

３）高温蒸気電解型

　現在、精力的に開発が進められているのは、上記３方式の中で最も効率が良いとされている固体高分子電解型である。

　水の電気分解、原理は簡単であるが、経済的に大規模にするためには多くの課題が残されており、具体的には以下のような課題解決策が世界各国で競われている。

①水素発生に係わる電力費削減：水素 $1Nm^3$（0℃、1気圧、$1m^3$ のガス量）発生時の電力5.0kWh/Nm^3 から4.0kWh/Nm^3 へ。20％削減する。

②水素発生装置の建設費低減：水素 $1Nm^3$ 発生当たりの装置、現在の100万円/Nm^3 から40万円/Nm^3 へ。

③新規電極、触媒の探索・研究・実証試験など、高価な白金触媒に代わる安価な触媒が探索されている。

④水電解装置の電源（電圧、電流、パルス電源、高周波電源併用など）

⑤副産物・酸素の活用（既に市場

確立、即お金になる）

4. 世界の水電解装置プレイヤー

ドイツを中心に大規模、精力的に展開されている。

アルカリ水電解装置はNel社、Hydrogenics社などが、固体高分子型では、Siemens社、Nel社、ITM-Power社が大規模・実証中である。さらに安価な再生可能エネルギーを用い、PTG（Power To Gas）として発生させた水素を天然ガスパイプラインへ供給している。

米国GE社は同国エネルギー省（DOE）とAdvanced Energy System/Hydrogen Turbineプロジェクトで大規模水素発生装置を開発中である。

5. 世界各国の水素に係わる投資額

- EUは経済対策として7500億ユーロ（97.5兆円）を投資する。
- ドイツは水素製造能力拡大として80億ユーロ以上（1.04兆円）。
- ポルトガルは国家水素戦略として70億ユーロ（9100億円）。
- デンマークは大規模水素生産として11億ユーロ（1430億円）。

- 英国は民間会社5社で9億ポンド（約1200億円）の投資額である。

EU加盟各国の具体的な戦略、例えばドイツの動きを見てみると、ドイツ政府の経済・エネルギー省は国内230件の応募から厳選された62件の水素関連プロジェクト（PT）[1]に対し総額80億ユーロを助成。同省が44億ユーロ、交通・デジタルインフラ省が14億ユーロ、その他州政府も水素助成に参加している。この水素関連PTに参加する民間企業の投資額を含めると総額330億ユーロ（4兆2900億円）に及ぶ。ドイツが、水素社会構築の主導権を取ろうとする本気度が推察される。

さいごに

欧州では大規模な投資で官民を挙げた水素社会への取り組みが加速しているが、日本では政府やエネルギー企業が水素活用の道筋を明確に描けていない。遅れを取り戻すためには、大胆な政策決定が必要である。

※1：ドイツのプロジェクト詳細
https://www.bmwi.de/Redaktion/DE/Downloads/I/ipcei-standorte.pdf?__blob=publicationFile&v=6

江戸の糞尿処理は究極のSDGsだった

下水道情報（令和3年11月16日発行）

　毎日のように、多くのマスコミでSDGs（持続可能な開発目標）が取り上げられている。筆者は2000年当時、国連ニューヨーク本部職員で、このSDGsの基になるMDGs（ミレニアム開発目標）の環境部門のチームに参画していたので、隔世の感がある。2000年に宣言されたMDGsは「主に途上国の開発問題が主で、先進国がそれを援助する側」という位置づけであり、大きなうねりにはならなかった。しかし2015年に国連から提唱されたSDGsは「開発の側面だけではなく、社会・経済・環境の3側面すべてに対応し、先進国も途上国も含む全世界の目標として掲げられており、世界的な大きな動きとなっている。

　ご承知の通りSDGsには17の目標項目があり、その具体策として169の達成基準が述べられている。その中身を見ると、かつて日本が経験し乗り越えてきた項目が多いことに気が付く。特に江戸時代は究極のSDGs「持続可能な循環型社会」であった。主な事由は次の通りである。

① 鎖国政策により海外から資源の輸入がなかった江戸時代は、暮らしに必要な物資の大半を植物資源に依存していた。家は木材、畳はイグサ、夜の明かり「行灯の油」はごま油や菜種油であった。稲作、野菜作りは言うまでもなく、醤油・味噌、塩もすべて自前であった。

② 徹底した資源循環社会、例えば着物は帯や小物を組み合わせてお洒落を楽しみ、親子三代、何度も着回し、ほつれや擦り切れが目立つようになると、おむつや雑巾としてリサイクルされ、最後はかまどや風呂などの燃料として使われ、その灰も陶器の釉薬（うわぐすり）や農業用肥料として活用された。捨てるものは一つもなかった。

③ 修理屋が活躍した時代であった。刃物直しは勿論、茶碗など

陶器を修理する焼き接ぎ屋、傘修理、提灯張替え、鏡研ぎ屋など修理の専門職が庶民の暮らしを支えていた。

④世界に誇れる江戸時代の糞尿処理は究極のSDGsであった。現代のように化学肥料などなかった江戸時代、糞尿は貴重な金肥となり、人口100万人を誇った江戸の大名や庶民の暮らしを支えたのであった。

1. 糞尿による資源循環経済

その当時世界一の人口を誇った江戸は、排泄物量も世界一であった。下水道が完備されていない江戸では糞尿の汲み取りが、人に知られない、大きなビジネスであった。現金収入を野菜に頼る江戸近郊の農家は、いかに栄養分がリッチな糞尿を集めるかが決め手であった。食べ物に贅沢な大名屋敷に入り込み、果ては汲み取り権を持つ長屋の家主との関係を構築した。その営業方針、最初は野菜や作物、沢庵などを対価に、汲み取りの権利を確保していたが、江戸時代後半では、野菜売り上げの金銭が対価となった。なぜなら野菜を作れば作るほど、現金が流れ込

むように江戸人口が急拡大していたからである。江戸城内の汲み取りの権利は葛西の百姓が持っていた。城内はフリーパスであり、将軍以外の男性立ち入り禁止区域、すなわち大奥まで堂々と入り込み、汲み取りを行っていた。江戸城で汲み取った糞尿は堀を使い船で葛西まで運搬し、「葛西舟」を保有する豪農が誕生したのだ。

幕末期には、汲み取り専門業者が現れ、過当競争で糞尿の引き取り価格が高騰し、それが野菜の値段にはね返り、ついには町奉行所に江戸庶民から嘆願書が出され、糞尿取引価格は幕府の管理となり、適正な価格を維持させたのであった。

2. 糞尿のランク付けとブランド肥料

糞尿は当然ながら、食する人々の身分による食べ物の種類や量に比例する。

①特上「きんばん」と呼ばれる糞尿は、幕府や大名屋敷の勤番者のウンコで、栄養価も高く一番人気であった。当然のことながら、その獲得には熾烈な戦いがあった。

②上等「辻肥」は街角にある、い
わゆる公衆便所（辻便所）から
汲み取った糞尿で、商人、武士
が利用し比較的栄養価が高かっ
た。この辻便所は幕府が設置し
たのではなく、江戸の人口が急
増し近汲み取りの下肥需要が高
まり、江戸周辺の農民が下肥収
集手段として設置した。使用料
は無料であったが、汲み取りが
出来るのは設置者に限られてい
た。男女とも、物陰での立ち小
便が当たり前で尿（タンパク質、
尿素リッチ）は掘を通じ東京湾
に流れ、海藻の栄養分となり、
いわゆる江戸前の魚介類の豊富
さを支えていた。

③中等「町肥」は、一般の長屋な
ど庶民の使う共同便所から汲み
取られた。その長屋でも大名屋
敷に近い長屋の糞尿は好まれた
が、いわゆる下町産の糞尿は「た
れこみ」と呼ばれ糞の量が少な
く、尿が多く含まれ肥料として
価値が低かった。長屋の汲み取
り権を持っていたのが大家さん
で、糞尿を処理した代金は、そ
のまま大家さんの収入となって
いた。

④下等な糞尿には「お屋敷もの」

と呼ばれる牢獄や留置所から汲
み取られたものもあった。生か
さず殺さずの食事であり栄養価
は期待できず、牢獄の衛生状態
を保つのが主目的であった。

1）糞尿の取引価格は

大名屋敷の糞尿は、ブランド物
であり、価格交渉は長年の付き合
いのある農民（藩の秘密を守る）
と交渉（賄賂も含め）で決まって
いた。基本的には「きんばん」で
育てた野菜や農作物、果物と物々
交換であったが、農家は、これは
どこそこの大名屋敷の糞尿で育て
たブランド野菜と称し付加価値を
つけて町で販売していた。

では、その糞尿は、どれくらい
の価値があったのか？

江戸中期には、中等「町肥」で
樽一杯あたり25文、町肥・船1艘
当たり1両が相場であり、現在の
貨幣価値に直すと、樽一杯が500
円、船1艘分が10万円位と推定さ
れている。江戸時代は人口が急増
し、下肥糞尿の需要は年々拡大、
糞尿の処理に困ることはなかっ
た。むしろ糞尿の取り合いが激し
くなり、その価格も40年間で3倍
になった記録もある。農家にとっ

て下肥糞尿の価格高騰は大問題
で、天明9（1789）年、武蔵・下
総両国の農民（1016村から）が、
勘定奉行に下肥の値下げを嘆願
し、暫くは安定したが、再び高騰
した。

2）江戸藩邸の糞尿処理

　通常大名には、江戸城周辺から
江戸郊外にかけて、複数の屋敷用
地が与えられ、江戸城からの距離
により「上屋敷、中屋敷、下屋敷」
と分けられ、その総称として江戸
藩邸と呼ばれていた。藩邸は大名
の位により規模が異なっていた。
では藩邸に何人居住していたの
か。貞享元（1684）年、土佐藩で
江戸藩邸に3195人、上屋敷に1683
人居住の記録が残っている。3千
人の金肥を得るために農民は鎬を
削っていたのである。

　面白い話が残されている。

　江戸屋敷には、多くのトイレが
あり、「母屋の中のトイレ」は武
士や腰元が使い、使用人（下男、
女中）のトイレは離れに設置され
ていた。当時のトイレは開放式で、
開き扉で、上部は外から見える構
造である。臭気がこもらない工夫
でもあろう。下男・女中にとり「離

れのトイレ」は、最高の密会の場
（くさい仲）であった。汲み取り
中に、その現場を見た農民は、驚
きとともに、大いに喜んだ。なぜ
なら裏門から入る時、ひと声をか
けると、現場を見られた下男が飛
び出し、門を開けてくれる。また
屋敷内を汲み取りで移動する時に
道案内（汲み取りは人目について
はいけない）をしてくれるのだ。
さらに現場を見られた女中はお屋
敷の台所で出た野菜くずや魚の残
渣の存在と量をしっかり教えてく
れる。正に「持ちつ持たれつ」さ
らに「3人はくさい仲」になるの
だった。

3）金肥の作り方

　持ち帰った下肥用糞尿は、地中
の肥溜めに溜めて十分に発酵させ
る。発酵中は臭気が強いが、保温、
熟成するに従い臭気がなくなり、
さらに高温発酵させると寄生虫や
病原菌が死滅する、これが本当の
金肥なのである。

3．SDGs項目と江戸の 糞尿処理との相関関係

　SDGsの項目中、①貧困、②飢
餓をなくそう、③すべての人に健

康と福祉、⑥安全な水とトイレを、⑧働きがいと経済成長、⑨産業と技術革新、⑪住み続けられるまちづくり、⑫作る責任、使う責任、⑬気候変動への対応、⑭海の豊かさを守ろう、⑮陸の豊かさを守ろう、などの項目はすぐに相関が類推できるが、では項目④質の高い教育をみんなに、⑤ジェンダー平等、⑰パートナーシップ構築などとはどのような関係であろうか。その答えは寺子屋の普及である。

日本が世界に誇れる一つに識字率の高さがある、これは江戸時代からの寺子屋制度である。江戸は士農工商と身分が確立されていた時代であり、武士と庶民の教育は区別されていたが、商業が盛んになり、また読み書き算盤・能力向上、書類作成の必要性が著しく生じた。大都市周辺では、庄屋や農漁村の支配者が多くの寺子屋（幕末・全国で１万５千ヵ所）や郷学（庶民向け教育専門校）を開き、ここでは男女共学が当たり前であった。

では男女比はどうであったか。全国平均は女性が25％であったが、江戸では男100に対し女性は89。商業の盛んな神田、浅草、日本橋などでは男女同率であった。つまり江戸では糞尿処理により優れた農作物を作り、農家がリッチになると若い女性を寺子屋や郷学に学ばせ、読み書き算盤、習字が出来るようになった。このように女性の能力・地位向上がめざましく、その結果、良き伴侶にも恵まれ、江戸経済を支えたのであった。

地球温暖化と深層大循環
~下水処理水は宝の山~

下水道情報（令和4年2月8日発行）

　地球温暖化が進み、現在の地球の天候は大きく変化すると予測されている。例えば緯度の低い地中海沿岸、中近東、アフリカ南部、アメリカの中西部では、降水量が減り、年間の河川流量も減ると予測されている。逆に緯度の高いロシアやカナダでは河川流量が増える予測も出ている。当然のことながら、雨の強度や大雨の頻度も増し、「洪水のリスク」の増大、逆に水が足りない「干ばつのリスク」も増えるなど、いずれも「温暖化の影響で水資源の偏在が顕著になり地域の不安定さが増すことになる」と、「国連気候変動に関する政府間パネル（IPCC）」が第5次評価報告書で明らかにしている。

　特に、この評価報告書の中で海洋学者が注目しているのが「深層大循環」の記述である。深層大循環とは水温と塩分濃度の違いから「熱塩大循環」とも呼ばれ、南極や北極付近で起こる強大な温度差を持つ水の輪による熱移動である。報告書では「大西洋の深層大循環の顕著な変化傾向を示す観測上の証拠はないが、3000mから海底まで温暖化した可能性が極めて高い」と指摘している。深層大循環は熱や水蒸気の移動を伴うため、地球規模での気温や降水量の分布に大きな影響を及ぼし、熱帯性低気圧やハリケーンなどが定常的に発生する要因にもなっている。

1. 地球上で最高齢の流体は深層大循環

　地球上で短期的な水資源の変化を考える「水文大循環サイクル」によると、地球に降り注ぐすべての太陽エネルギー17万7000TW（テラワット）のうち、4万1000TW（全体の1/4）のエネルギーが地球上の水や空気を動かし、いわゆる気候・気象の駆動源となっている。

1）ハドレー循環

　深層大循環の代表的な考え方は

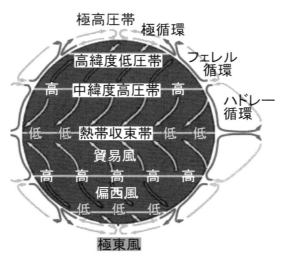

地球の大気循環モデル（出所：ウィキペディア）

「ハドレー循環」である。18世紀に英国人の気象学者ジョージ・ハドレーが提唱した説で、「赤道付近で温められて上昇した空気は、上空を北と南に分かれて進み、北極と南極で冷やされて下降し、再び赤道付近に戻ってくる」というものである。水資源移動の観点からハドレー循環を考えると、赤道付近で温められた空気は水蒸気をたっぷり含んだまま対流圏を上昇、成層圏近くまで達した気団は熱放射し、冷却された水蒸気は氷や雪、最後は雨となって地球上に降り注ぐ。近年の研究により空気の流れを詳細観測すると、水蒸気をたっぷり含んだ空気は、緯度30度付近で下降しているが、その後の循環説（中緯度のフェレル循環モデル、高緯度の極循環モデル）の機構は、すべてハドレー循環説と合致している。注目すべきは、地球上の大気循環の各モデルに含まれる水蒸気中の淡水の滞留時間である。水蒸気が冷却され淡水となって地球に降り注ぐまでは、平均して10日間の滞留時間であり、いわば「高速水循環」である。まさに我々が日常的に目にする地表面付近での水循環である。

2）深層大循環

それに比べ深層大循環は「熱塩大循環」と呼ばれ1000年以上のサイクルを持つ大きな水の輪の移動である。この大循環を引き起こすエンジンは、海水の重さである。南極や北極付近の表層海水が大気で強く冷やされるために重くなり沈んでいき、それまで深層にあった海水を押しのけて全世界の海洋の深層を巡り、最後は表層水と混じり合いながら上昇し暖かい表層水になる。問題は、その循環する時間である。海洋学者により様々な意見があるが、おおよそ深層水の平均年齢は1000歳で、深層海流が沈降してから浮上するまで1500～2000年の時間がかかるともされている。この深層大循環が地球温暖化に大きな影響を及ぼしている可能性は多くの学者から指摘されているが、あまりにもスケールが大きい課題（移動機構とタイムラグ）なので、研究が進んでいない。ぜひ流体を研究している若い人たちに解明をお願いしたい項目である。

2. 深層大循環が狂い始めると、どんな影響が出るのか

深層大循環は、海流の循環による熱移動であり、過去1000年以上

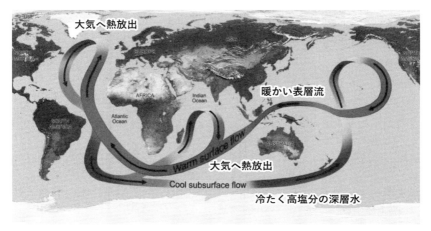

深層大循環の流れ

（出所：NASA/JPL、和文加筆：筆者）

にわたり気候変動の幅を、時間的にまた空間的に穏やかにし、人間が居住できる気候を造ってきた。人々は、その恩恵を受けて生命を繋いできた。仮に、この熱移動がなくなり、または移動速度が極端に遅くなれば、低緯度地域は現在よりはるかに高温気象に、高緯度地域は現在よりはるかに低温気象になることが予想されている。当然のことながら世界各国は気候変動対策として長期的な水資源確保に乗り出している。

1）日本の水資源の現状

　国土交通省発行の「令和3年度日本の水資源の現況」によると過去30年間の年間降水量の平均値は世界平均の約2倍の6500億m^3/年で、蒸発散で2300億m^{3}失われ、国土に賦存する水資源総量は4200億m^{3}である。しかし約8割の水資源は川を下り海へ直行で、日本国民の水資源年間使用総量は870億m^3（平成15年度、水資源賦存量の約20%）である。その内訳、最大需要先は農業用水で572億m^3（年間水使用量の66%）、工業用水134億m^3（同15%）、我々の生活用水は164億m^3（同19%）である。

2）日本の長期的な水資源確保は

　国連食糧農業機関（FAO）の公式データによると、国民一人当たりの世界平均水資源量7300m^3/人・年と比較すると、我が国は3400m^3/人・年と2分の1以下であり、首都圏だけで見ると、水不足が定常化している北アフリカや中東諸国と同程度である。またダムの保有水量を比較すると、日本国内ダムの総貯水量は約204億m^{3}で、これは米国のフーバーダム（約400億m^3）の半分である。また国民一人当たりのダム総貯水量を米国（3384m^3/人・年）と比較すると日本は73m^3/人・年と米国の2%しか保有していない。中国（392m^3/人・年）と比べても19%以下であり、将来の水飢饉に対し、貯水量の備えが足りない極めて危険な状態である。しかし今更ダムの新設は難しく、既存ダムのかさ上げや、堆砂処理で保有水量を増すことくらいしかできない。それに対し、日本には下水処理水（年間154億m^3）という宝物がある。平成17年に「下水処理水の再利用水質基準等マニュアル」が制定されたが、平成28年度で、わずか2億m^3（総下水処理水の1.3%）し

地球温暖化と深層大循環

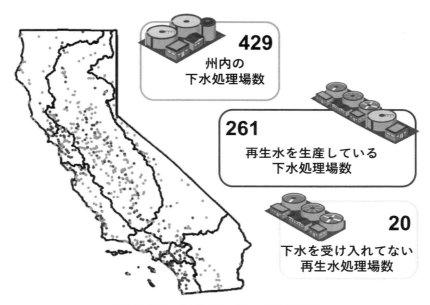

米国カリフォルニア州　再生水工場の現状
(出所:California Water Boards "Volumetric Annual Report" June 11, 2021、和文加筆:筆者)

か活用されていない。(JS技術開発情報メールNo.226)今後は下水再利用水による温暖化対策(CO_2削減効果を定量化)とし、農業用水や地下水涵養、工業用水、修景用水等への積極的な市場開拓が求められている。

3)米国カリフォルニア州の水資源確保への挑戦

米国経済を支える最大の州であるカリフォルニア(以下、加州)。面積は日本より9％広く、人口は約4000万人、州内総生産(GSP)は2兆7400億ドル(2017年実績)であり、加州を一つの国と仮定して他国と比較した場合、イギリスやインドより大きい経済規模を有している。その加州の経済を底辺で支えているのが、水資源である。近年、水不足に悩まされている加州は、水資源の確保が経済の生命線である。表流水の主役のコロラド川からの水利権問題の解決が長

引く中、新たな水源確保の手段として、下水処理水の活用が待ったなしの状態に直面している。

（1）水管理規範「タイトル22」

　加州の水管理の規範「タイトル22」（2019年ガイドライン発効）は、特に消毒された下水二次処理水で使用可能な24の特定用途や三次再生水使用で許可される40の特定用途が定められている。農産物や果物への灌漑、住宅造園の灌漑、商業用ランドリー、装飾的な噴水用途、商業ビルのトイレ用水などで、州の水委員会は申請されたプロジェクトの管理や提出されたエンジニアリングレポートをレビューし指導・承認を行っている。

　州内には429の下水処理場が存在し、そのうち261ヵ所の下水処理場で再生水を生産している。2021年時点で再生水を年間約728万エーカー・フット（89億7934万m³）生産しており、さらに再生水管理の一環として2030年までに年間再生水生産を200万エーカー・フット（24億6696万m³）かさ上げ増加させる目標を掲げている。短期的な再生水プロジェクトには8億ドル（約920億円）が用意され、

長期的には30億ドル（約3450億円）の資金提供を準備している。さらに興味あるのは下水処理水中の栄養分の活用である。

（2）海藻で温暖化防止……下水処理水の栄養分活用

　「海藻は気候変動を緩和する希望の象徴である」として8つの州内の企業が、州の海域に海藻農場を計画している。海藻は炭素を吸収し、その生産物は食品、燃料、肥料として活用できる。海藻が成長するには、海水と日光と栄養源（下水処理水中の栄養源）しか必要としない。「青い経済と呼ばれる持続可能な海藻資源」を活用するために、海藻農場計画を州議会へ申請する準備を進めている（サンフランシスコ・クロニクル紙）。

さいごに

　日本は四季に恵まれ、今のところ、短期的な水循環がうまくまわっているが、長期的な展望として「持続可能な水資源として下水処理水の活用」を、さらに推進すべきである。下水処理水は宝の山である。

36

COP27
～気候変動の危機は水危機である～

下水道情報（令和4年12月13日発行）

エジプトで2022年11月6日から開催されていた、「国連気候変動枠組条約第27回締約国会議（COP27）」は11月20日、「シャルム・エル・シェイク実行計画」に合意して閉幕した。COP27の大きな論点の一つとなったのが、気候変動による「損失と損害（Loss and Damage）」に対する補償であり、具体的には気候変動の悪影響を受ける途上国に対し、先進国が支援するための基金の設立が盛り込まれたことである。

議長国であるエジプト政府は基金設立について「初めてCOPの中心議題になった"損失と損害に関する資金調達"に進展があったことは、COP27の成果の中でも、極めて重要な歴史的な決定だ」として、その成果を強調している。事実、この基金設立のコンセンサスを得るために会期が2日間も延長された。COP会議は、本来は気候変動に対するエネルギー問題が主役であったが、今回、多くの国家元首が緊急課題として、特に水問題を取り上げ、「水不足、干ばつ、国境を越えた協力の欠如、早期警報システムの改善の必要性など」に関する演説や文書を提出した。

SDG6（SDGsの目標6）では、水不足が世界人口の40％以上に影響を及ぼし、排水の80％が未処理のまま、河川や海に排出されていることを憂慮すべきこと、また自然災害の90％以上が水関連であり、今後数年間で水循環が激化することを、既に警告している。議長国エジプトは、適応型水管理システムを、気候変動適応アジェンダの中心に置くための政治的な努力、実践的行動、知識の共有、能力開発を促進することを目的とした「水適応と回復力のための行動指針」（AWARe：Action for Water Adaptation and Resilience）を宣言、国際社会が力を合わせ行動することを成果に織り込んだ。COP27には約200ヵ国の代表をは

じめ4万5000人以上の参加者が集まり、アイデアや解決策を共有し今後の気候変動にどのように対処するかが話し合われた。

1. COP27の主な成果……損失と損害に対する基金設立

各国政府は、開発途上国（特に脆弱な国々）への損失と被害への対応を支援するために、新しい資金調達の取り決めと専用基金を設立するという画期的な決定を下した。この背景には、2020年までに年間1千億米ドルを共同で拠出するという先進国締結国の目標が達成されていないことに、途上国から深刻な懸念が表明されたことがある。COP27では、合計2億3千万米ドルを超える新たな誓約が行われ、2030年までに具体的な解決策を通じ、脆弱な途上国に住む人々の回復力を強化する「適応アジェンダ（30目標項目）」が採択された。その中では、低炭素社会への世界的な変革には、少なくとも年間4〜6兆米ドルの投資が必要となる予想が強調されている。

各国政府は来年のCOP28（UAE・ドバイ開催予定）で、資金調達と基金の運用方法について勧告を行う「移行委員会」を設立することにも合意した。その他の主要な成果は次の事項である。

1）テクノロジーCOP27

開発途上国で「気候変動技術ソリューション」を促進する5年間プログラムの開始宣言。

COP27 損失と損害に対する基金設立に合意
（出所：国連気候変動枠組条約（UNFCCC）Webサイト）

2）気候変動の緩和策

　緩和作業プログラムが開始され、そのレビューが2026年まで継続される。

3）国連からのメッセージ

　アントニオ・グテーレス国連事務総長は、今後5年以内に地球上のすべての人々が早期警戒システムによって保護されるために31億米ドルの計画を発表。

4）各国の支援体制

　G7各国とV20（脆弱な20ヵ国）は「気候変動に対するグローバルシールド」を立ち上げ、初期資金として2億米ドルを超えるコミットメントを発表し、実装をすぐに開始する。またデンマーク、フィンランド、ドイツ、アイルランド、スロベニア、スウェーデン、スイス、ベルギーは、合計1億560万米ドルの新規資金提供を発表し、さらなる支援の必要性を強調した。

2. 気候変動の危機は、水の危機である

　COP27のもう一つの重要な焦点は「水セクターの早期警戒と早期適応行動の促進」であり、災害リスクを軽減するための水文気象および気候情報交換の重要性が強調された。国連のグテーレス事務総長は「国連は、地球上のすべての人々が5年以内に水に関する早期警報システムによって保護されることを確実にするための行動を主導する」と述べ、頻発する干ばつと水不足に適応するための行動として「官民パートナーシップ（PPP）」の役割も強調した。ホスト国のエジプトは、ナイル川における水の安全保障に関して深刻な状況に直面している状況下で、COP26（英国グラスゴーで開催）で討議された「ウォーターパビリオン」のフォローアップとして、国内30以上の組織・機関・企業を動員し、国際的な水管理のあり方をPRしている。

　論争の的になっている「損失と

COP27閉幕式で成果を発表するサメ・シュークリ議長（エジプト外相）
（出所：同）

損害」の中でも、最近の水災害の例として、8月と9月にパキスタンで2000万人以上が、人道支援が必要な壊滅的な洪水に見舞われていることや、アフリカ諸国では、過去40年間で最悪の干ばつで1億5000万人が飢餓に直面していることなどが報告された。

1）第6次IPCC評価報告書の水の論点

11月12日に開催された「IPCC・AR6 水の安全保障の結論と国家気象拡大水トラッカー」のイベントで、英国気象庁のリチャード・ベッツ氏（IPCC水関連の筆頭執筆者）は報告書第4章の結論を発表した。

- 40億人が、少なくとも年間1ヵ月間は、深刻な水不足を経験している。
- 氷の総質量は、すべての氷河地域で減少している。
- 1億6300万人が、より乾燥した状態に直面、逆に4億9800万人が、より湿った状態に直面している。
- 大雨のケースは世界中で増加しており、洪水を引き起こしている。

- 干ばつのケースは、多くの地域で増加している。
- 気候変動が進むに連れ、極端な気象現象が世界中で起こっており、人々の健康と幸福、そして経済的な安定に直接的な影響を与えている。

2）水への適応と回復力（AWAReイニシアチブ）を提言

水への適応と回復力のための新しいイニシアチブは、水の重要性を反映し、COP27で発表された。COP27議長国が世界気象機関（WMO）の支援を受けて起草した「AWAReイニシアチブ」は会期中の11月14日を水の日として開始された。多くの利害関係者と国連機関の集合的な取り組みであり、3項目の目標が掲げられている。

- 世界中の水損失と損害を2030年までに50％減らし、水供給を改善する。
- 協力的な水関連の適応行動と、その共同利益のための政策と方法の実施を提案し、支援する。
- アジェンダ2030、特にSDG6を達成するために、水と気候変動対策の協力と相互連携を促進す

る。

会議の中では、極端な気象現象の早期警報システムの改善に取り組むことに加え、持続可能な排水管理、衛生政策と戦略、水に関する省エネ経路の促進などが話題となった。結論として、水資源政策と国家の気候変動対策を結び付け、気候変動が水資源とその需要に及ぼす長期的な影響を緩和するために、準備と適応策の支援を目指すことになった。WMOのエレナ・マナエンコワ博士（WMO副事務総長）は「AWAReは、すべての人々のための早期警告を実施する実用的な手段」であり、各国のリーダーに向け気候変動に備える世界各国のために水と、それに関する情報提供を促進するよう呼びかけた。

さいごに

今回のCOP27の最大の成果は「損失と損害」基金の設立で合意したことであるが、パリ協定の「1.5℃」目標の達成に向けた緩和策の野心的な向上については進展が見られなかった。またもう一つの焦点だった「緩和緊急拡大作業計画」にも新しい目標が課せられず、エネルギー分野では実効性の乏しい内容となった。それだけにCOP27では天然資本である水問題がクローズアップされたとも言えるだろう。今回討議された「AWAReイニシアチブ」の行方が、次回COP28に密接につながることを期待している。

本書は令和２年10月から下水道情報・グローバルウォーター
ナビ（公共投資ジャーナル社）に、筆者が寄稿し連載された
記事を再構成し、一部加筆したものである。

著者プロフィール：吉村和就（よしむら　かずなり）

【職務経歴】

1972年　荏原インフィルコ㈱　入社（営業、企画、技術開発）

1994年　㈱荏原製作所本社　経営企画室部長

1998年　国連ニューヨーク本部・経済社会局・環境審議官

2005年　グローバルウォータ・ジャパン設立　現在に至る

【委　員　等】

国連テクニカルアドバイザー

水の安全保障戦略機構・技術普及委員長

経済産業省「水ビジネス国際展開研究会」委員

文部科学省・科学技術動向研究センター専門委員

千葉県習志野市国際交流協会会長

日本水フォーラム　理事

【著　　　書】

水に流せない水の話（角川文庫）、水ビジネスに挑む（技術評論社）
水ビジネスの新潮流（環境新聞社）、水ビジネスのカラクリが判る本
（秀和システム）など多数

グローバルウォーターナビ

2024年11月18日　第1刷版発行

著　者　吉村　和就

発行者　福島　真明

発行所　水道産業新聞社

東京都港区西新橋3-5-2　電話（03）6435-7644

印刷・製本　瞬報社

定価　本体1,800円（税別）

ISBN978-4-909595-14-0　C3051　¥1800E

乱丁・落丁の場合は送料弊社負担にてお取り替えいたします。本書の無断複製・複写（コピー等）
は、著作権法上の例外を除き禁じられています。